Robot Ethics / Mark Coeckelbergh

ロボット倫理学

ソーシャルロボットから軍事ドローンまで

マーク・クーケルバーク

田畑暁生 訳

青土社

ロボット倫理学　目次

＊本文中〔　〕で囲んだ部分と傍注は訳者による注である。

ロボット倫理学

ソーシャルロボットから軍事ドローンまで

第1章　序：「ロボット倫理学」とはどんなものか？

二〇〇四年公開のアメリカのSF映画『アイ、ロボット』では、ヒューマノイド型ロボットが人間に奉仕している。しかし、全てがうまく行ったわけではない。とある事故の後、一人の男性が沈み行く自動車からロボットによって助け出されたが、十二歳の少女は助けられなかった。ロボットは、男性の方が生き残る可能性が高いと計算したのだった。しかし人間であればこのロボットと違う判断をしたかもしれない。映画の後の場面ではロボットたちが、人間から権力を奪おうとする。ロボットたちは、VIKI（Virtual Interactive Kinetic Intelligence ＝仮想動的対話型人工知能）というAI（人工知能）にコントロールされている。VIKIは、人類の生存を確かなものにするために、人間の行動を制限し、時には人を殺す決定もする。この映画は、ヒューマノイドやAIが世界を乗っ取るのではないかという恐怖を具体化したものだ。さらに、ロボットやAIが一般知能に至った時に生じるであろう仮説的な倫理ジレンマも指摘している。しかし、この「ロボット倫理学」とはどんなものなのか、そしてどんなものであるべきなのか？

ロボットはこれから到来するのか、それとも既にここにいるのか？

人々がロボットと聞いて最初に思い浮かべるイメージは、高度に知的で、人間に似たロボットだろう。

このイメージはSFに由来する場合が多い。SFに登場するロボットの見た目や行動は、多少とも人間に似ている。ロボットが地球を奪うことを警告する話も多い。人間の召使ではなくなり、むしろ人間を奴隷にしてしまうというのだ。「ロボット」という言葉自体は、チェコ語の「強制労働」に由来し、カレル・チャペックによる戯曲「R.U.R.」に現れる。初演は一九二一年なので今から百年以上も前である。この戯曲は、人間に似た機械が反乱するという、メアリー・シェリーの『フランケンシュタイン』から、映画『2001年宇宙の旅』『ブレードランナー』『アイ、ロボット』に至るまで長い歴史を持つ物語の中に位置付けられる。人々の想像の中では、ロボットは魅力的であることが多いが、同時に恐怖の対象でもある。私たちはロボットに取って代わられるのではないかと恐れながら、同時に人間と似た人工物を作ることに興奮しているのだ。ロボットはロマン派的思考の遺物でもあり、私たちは人間が人工的に他者を作るという夢および悪夢をロボットに投影している。[1]

当初こうしたロボットたちは、たいてい恐ろしい姿をしていた。不気味なものやモンスターだったのだ。しかし二一世紀の初め、西洋では異なったロボットのイメージが出現した。仲間としての、友人としての、さらにはパートナーとしてのロボットである。現在では、ロボットは工場や宇宙の遠い惑星に閉じ込められるべきではない、とされている。現在の想像の中では、ロボットは汚い奴隷労働から解放されて家庭に入り込み、会話ができ、快適で、役に立ち、時には性的・社会的なパートナーにもなる。もちろん、例えば『エクス・マキナ』のように、最後には反乱するロボットを描く映画もある。しかし一般的には、ロボットの設計者が「ソーシャルロボット」と呼ぶようなものとなった。人間同士、あるいは、人間とペットのように、人間とロボットが「自然な」交流ができるように設計されている。恐ろしいものや怪物ではなく、可愛く、役に立ち、楽しく、面白く、そして誘惑するようなものとして。

こうしたロボットのあり方を考えてみることで、私たちは現実の生活へと引き戻される。ロボットはこれから到来するのではなく、既にここにいる。しかし私たちがSFで出会うようなロボットとは違っている。フランケンシュタインの怪物やターミネーターではなく、産業ロボットであったり、時には「ソーシャルロボット」である。後者は、人間や、SFに出てくるロボットほど賢くはなく、しばしば人間とは似ていない。セックスロボットでさえも、『エクス・マキナ』で描かれたロボットほどスマートでなく、会話もできない。AIの近年の発展にもかかわらず、ほとんどのロボットはいかなる意味でも人間に似ていない。とは言え、ロボットはここにいるし、居続ける。彼らは以前のロボットと比べれば知的であるし、より有能に機能する。実世界での応用も進んでいる。ロボットは工場で使われるだけでなく、医療、輸送、家庭でのアシスタントなどに使われている。

これによって人間の生活は、しばしばより快適になるだろう。しかし問題もある。ある種のロボットには危険があるかもしれない。それは彼らがあなたを殺すとか、誘惑するという理由ではなく(「殺人ドローン」やセックスロボットもロボット倫理学のメニューに載っているが)、より世俗的な理由である。例えばあなたの仕事を奪うとか、あなたを騙して自分を人間と思わせるとか、タクシー代わりに使っていたら事故を起こすかもしれない、ということだ。こうした「恐れ」はSFではなく、まさに近未来に起きかねない。より一般的に言えば、核やデジタルなどのテクノロジーが私たちの生活や地球に与える影響のために、テクノロジーが私たちの生活、社会、環境に根本的な変化をもたらすという意識・認識が広がり、私たちはテクノロジーの使用や発展について、より考えるようになったし、批判的に見るようにもなった。緊迫感もある。誰もが望まないような影響がもたらされるその前に、私たちはテクノロジーを今、理解し評価した方が良いという考えだ。こうした議論は、ロボット工学の発展や利用のためにも行われ得る。ロボットやその使用にまつわる倫理的な問題を、それが実際に起きる前の段階で考えよう。本書の目的と範囲について、より詳しく説明していこう。

本書の目的：倫理的問題と哲学的思考

ロボット工学や自動化テクノロジーがＳＦの領域を離れて次第に私たちの日常に入ってくると、それがもたらす潜在的な利益や機会だけを見るのでなく、現在そして近い将来にそれが提起する倫理的・社会的な問題についても、議論を行う必要がある。例えば、工場で人間と共に働く知性を増した産業用ロボットについて、子どものように傷つきやすいユーザーに使用されるロボットについて、ほぼすべての主要な自動車会社が開発中の自動運転車について、医療現場で手術に使われるロボットについて、戦時に使われる殺人ドローンについて、考えなくてはならない。本書はこうした問題を考えるために、ロボット倫理学に由来する概念ツールに沿って、こうした倫理的・社会的な問題群の概観を提供する。実際的なロボット工学の応用や、その応用を使った倫理的・社会的な問題の明確化、こうした問題を扱う概念ツールを提供するのである。このような実際的な視点の背後には、ロボット倫理によってロボット工学の発展やガバナンスをより倫理的にするための手助けができるという考えがある。

さらに加えて本書は、ロボットとは何か、ロボット工学について考えることが人間を考える上でどのような意味があるのかについての、哲学的思考も提供する。例えば、私たち人間が道徳的な状態についてどのように考えているのか、といった問題だ。こうした問題ではしばしば、ごく限られた直接的な倫理上の懸念が議論されるが、本書ではより広い視野から、一般的な人々がロボットや機械に対して感じる深い魅惑についての説明を試みる。さらに、ロボット倫理についての哲学的な重要性についても語るつもりだが、まずは単純な質問から始めてみたい。「ロボット倫理学」とはどんな意味だろうか？

結局ロボットとは何か？　倫理とは何か？　「ロボット倫理学」とはどんな意味だろうか？

本書でロボット倫理について議論するとして、それはどのような意味なのだろうか？「ロボット」とは？「倫理」とは？　既に概念の問題に踏み込んでいる。概念は哲学者の典型的な関心事である。まず第一に、「ロボット」という言葉で何を意味しているのだろうか？　私は既に、召使や奴隷と関係しているロボットの語源について言及した。実際にロボットを扱うという場合では意味は一つだが、ロボットの定義については議論があり、ロボット工学者も哲学者もその定義に合意はしないだろう。例えば国際電子工学会では、ロボットを以下のように定義している「ロボットとは、環境を感知し、意志決定を行うための計算を実行し、実世界で行動を行うことができる自律型機械である[2]」。しかしこの定義では、サーモスタット（温度維持装置）はロボットだろうか？　食洗機はロボットだろうか？「クルーズコントロール」（自動車の速度を一定に保つ機能）はどうだろうか？　動くことが必要条件だろうか？　他のハードウェアとどのように区別するべきだろうか？　自動運転車はロボットだろうか？　素材がロボットになるには何が必要だろうか？　ロボットはハードウェアとしての素材とソフトウェア（コード）を持っている。ソフトウェアしかないものは「ボット」と呼ばれ、ロボットとは見なされない。パトリック・リンらは、身体を持たないAIやコンピュータと比べて、ロボットは「直接的に世界に影響を与えることができる」[3]と論じているが、ではなぜロボットの影響は間接的というのだろうか？　ソフトウェアがハードウェアに接続されれば、たとえそれが人間や動物に似ていなくても、私たちが「ロボット」として連想するようなものになるのではないか？　最後に、ロボットはどの程度、「自律的」、「知的」でなければならないか？　例えば、ロボットは時としてAIと結びつくが、必ずというわけではない。人間と関わるロボットの重要性が増している今、しばしば「人とロボットの交流」という言葉が使われる。ここでは、ロボットの物質的な人工物としての側面ではなく、人とロボットとの交流に重点が置かれている。ロボットの定義は広くも狭くもなる。本書で私は、ハードウェアを持つロボットに焦点を当て、知性や自律性、相互作用性をある程度は持つロボットが提起する倫理的問題を中心に扱うが、しかしそうではないロボットを除外するわけではない。

　さらに、技術上の定義だけでは不十分である。ロボット工学やSFイメージの将来に関する議論では、ロボット工学の人間的、社会的、文化的側面と並んで、ロボットの置かれた文脈も問題となっている。ロボットが何「である」かという問いは、物質的人工物としての「ロボット」に還元することはできないし、還元すべきでもない。そうではなく、その利用や、社会的、文化的な文脈にも考慮を払わなくてはならない。ロボットが何「である」かは常に、人間の利用、（相互）作用、主観性、文化によって形作られる。例えば、ある人があるロボットをペットとして扱ったならば、ロボットを「物」、「機械」と呼ぶような文脈では意味を捉え尽くすことができない。本章の冒頭で触れたロボットに関する物語も、ロボットについて考える際には、無関係ではない。物語は、人々のロボット工学の受容だけでなく、その発展にも影響を与えるので、注目に値する。エンジニアやデザイナーもSFに影響を受けるのである。人間のような機械を作りたいと夢見る者もいれば、ロボットの利用者のように、あらゆる種類の人間中心的な意味をロボットに投影する者もいる。ロボットをより「社会的」にし、受け入れられやすくするために、ロボットに意図してそうした意味をまとわせる者もいる。前述の例をもう一度挙げるが、ロボットに個人名（人間や動物の名）を与えるのは珍しいことではなく、当たり前となっている。ロボットを技術から定義することは、ロボット倫理において必要ではあるが、それだけで十分ではない。ロボットはただの機械ではない。ロボットは同時に、常に、人間的であり社会的であり文化的でもある。ロボットの意味を、技術による定義に還元することはできない。

ロボットは他のテクノロジーと同様に、多面的な意味を共有している。テクノロジー一般でもそうだろうが、「ロボット」という言葉は、広がりを持つ範囲の現象を意味し得る。テクノロジーは、物質的生産物についてだけでなく、それを開発し使用するのに必要な知識にも関係している。科学の中だけのものではない。非物質であるコンピュータのプログラム。使用、設計、メンテナンスといった活動。テクノロジーの開発と使用に関わる人間的および社会的な要因。テクノロジーの展開は、特定の社会経済的枠組（例えば資本主義）および特定の文化の中で起きる。テクノロジーの使用と発展は、人間とテクノロジーに関する前提（例えば、ロボットは単なる道具である、ロボットは論理的で合理的である、など）に関わっており、テクノロジーは、マルティン・ハイデガーが有名なエッセイの中で示したように、私たちの世界観および世界への態度に関っている。[4]「ロボット」はこれらのテクノロジーの意味と文脈を呼び起こす。ロボットは人工物だが、その発展や使用は、特定の種類の知識や技能を要する。さらに、

「ロボット工学の科学」がある。ロボットのハードウェアは物質だが、ロボットには非物質的要素（コード）もある。それらは人間が行うような多くの活動と結びついている。例えばロボットの設計や使用、ロボットと人間との交流など。その発展は、企業や国家といった社会的アクターを巻き込んでいる。米国のような資本主義社会の中で発展し、使用されているが、それだけではなく他の場合もある。また、西洋文化の一部でもあり得るが、その発展は他の文化を根に持つこともある。その発展は通常、人間（例：機械としての人間）をモデルとして前提しているが、特定の人間（例：子供扱いされた高齢者）を前提とする場合もある。そしてしばしば、特定の世界観（例えば、自然は人間に利用されるために存在している、消費者はデータ経済の中で「データ家畜」である）と結びついている。こうした例が示すように、ロボットの現状を定義することは、特定の見方に与することであり、それは規範的なものも含み既にしてロボット倫理や「ロボット哲学」を実行していることなのである。人間および人間との関係に沿ってロボットを理解・評価することなのだ。そしてより一般的に、私たちがロボットについて語る時に（開発者として、利用者として、あるいは哲学者として）使っている言語は、中立ではない。ロボットが何「である」かは、私たちがロボットに対しておよびロボットについて、いかに語るかに依存している。[5]

第二に「倫理」とは何か？　倫理それ自体が多数の意味を持ち得る論争的な単語である。倫理が、「私たちが何をすべきか」「いかに生きるべきか」といった規範的な問題に関わるという点においては、哲学者は概ね同意するだろう。倫理は、道徳的な原理や価値についても言及し得るが、同時に「倫理学」は学術的な哲学の一分野であり、そこでは倫理的原則、理論、概念が論じられる。一部の哲学者、例えばプラグマティストは、倫理的な原則よりも、倫理的な実践や道徳経験を重視している。利用する道徳理論に依存して、倫理は道徳的義務や、結果や、性格や、その他の要素に焦点を当てることもできる。さらに、「倫理」は限界についての（不道徳なふるまいを避けるための）問題とも理解され得るが、より積極的に、良い人生についての問題として捉えることも可能である。個人にとってだけでなく、社会にとって良いことも考え得る。通常、「倫理」は人間について言われるが、動物やロボットなど人間以外のものに言及する場合もあるだろう。また、人間、動物、その他に対する倫理を意味する（それらは倫理の客体である）場合もあれば、人間その他にとっての倫理を意味する（それらは倫理的行為者である）場合もある。

　そして第三に、「ロボット倫理」は、人間・動物・その他（ここにロボットさえ含まれるだろう）のために、人間がどのようにロボットを使い、ロボットと交流し、ロボットを開発するのか、という意味にもなり（人間こそが倫理的行為者であって、ロボットは人間の倫理の対象）、また、ロボットにとっての倫理、という意味にもなる。ここではよく、ロボットが持つであろう倫理という意味で「機械倫理」という用語が使われる。そこではロボットも（潜在的には）倫理的行為者だと見られている。この二つを混同しないことは重要である。ロボット倫理とは、「ロボットに倫理を与える」あるいは「ロボットが倫理を持つ」という意味では必ずしもない。例えばピーター・アサロは、「ロボット倫理」に三つの意味があるとしている。「ロボットに組み込まれた倫理システム、ロボットを設計・利用する人々の倫理、人々がロボットをどのように扱うかという倫理[6]」の三つである。第一の意味では、ロボットが倫理的行為者となっている。例えば自動運転車が倫理をビルトインすべきだという時の使われかたである。第二と第三では、倫理的行為者としての人間に関わる意味であり、ロボットを設計する場合その利用について責任を共有すべき（例えば、商業的利用や戦争において）、あるいはロボットは「拷問」にかけられるべきではない、等と論じられる。

記述的に言うと、倫理は文化や社会によって、少なくとも部分的には異なる傾向がある。同じ社会の中でさえも違いはある。特定の問題に関して意見が違うということはあるだろう。人々の行動をどのように統治するのか、どのように生活するのか、社会にとって何が最善なのかといった問題で、全員の意見が一致することはない。こうした意味での倫理は、時代によって変化してきた。例えば、現代では多くの人が、動物にも何らかの権利はあり、モノよりも道徳的に高い地位にあると考えている。文化的、歴史的なバリエーションがあるのは、ロボット倫理についてもあてはまる。言い換えると、ロボットに対する倫理的な態度や信念は、文化の間で差があり、時代と共に変わるだろう。文化的な態度が違う例としては、日本がよく例に挙げられる。日本人は、その特有の文化史（ロボットを人間を手助けしてくれるものとして描いてきた）および、人間以外にも精神が宿るとする伝統的な世界観の影響により、ロボットを肯定的に捉えている。[7] 将来はロボットに権利を与えるだろう、あるいは与えるべきだと考える人もいる。

本書では「倫理」と「道徳」を入れ替え可能な言葉として使うことにご注意いただきたい。しかしながら、ロボット倫理について考える人は、倫理と道徳の区別から得られるものがあるとすると、この二つを随意に区別できる。また、学問的な立場で言うと、ロボット倫理学は（応用）倫理学の一部、実践哲学の一部として見ることができるが、同時に、「テクノロジーの哲学」ともつながり得る。その場合、「テクノロジーの哲学」に由来する概念や理論が応用可能なテクノロジーの一分野と見られる。

本書において私は、「倫理」、「ロボット倫理」を、様々な意味で用いる。各章や各議論において、どのような種類の「倫理」を論じているのかは明記するつもりだ。例えば本書には、ロボットが道徳的行為者（倫理的行為者）や、道徳的被行為者（倫理的被行為者）になり得るのかどうかという議論が含まれている。「正しいことをする」といった倫理の問題だけでなく、「良い人生」、「良い社会」といった問題も含まれている。そうした選択、および、私がこれらの問題を扱う手つきには、どうしようもなく私自身の倫理観が反映しているだろう。例えば、多くの倫理学の教科書とは対照的に、個人の倫理に焦点を当てるということが前提にはなっていない。次章は個人よりもむしろ社会への影響に関する問いである。さらに応用倫理学の多くの本とは対照的に、規範的な道徳理論の応用を中心に置いていない。本書では章のタイトルに「義務論」（deontology）、「帰結主義」（consequentialism）、「徳倫理学」（virtue ethics）といった名称は入っていない。その代わりに責任、人間の尊厳、道徳状態に関する問題といった、多くの倫理的問題に触れている。こうした議論にはさらなる概念や理論が関わってくる。例えば、責任に関する理論や、帰結主義（第5章）や徳倫理学（第6章）といった規範的道徳理論である。しかし出発点は理論ではない。テクノロジーの使用や実践に由来する倫理的な問題が出発点なのである。

今述べてきたアプローチや定義に対して、ロボット倫理学者の全員が同意するということはないだろう。ロボット、倫理、ロボット倫理の意味についての私の意見は、議論の俎上に上がってしかるべきである。個人の倫理や道徳理論により重きを置く倫理学者もいるだろう。例えばキース・アブニーは、ロボット倫理とは何かという問題に対し、道徳や倫理とは何かを議論するだけでなく、現代の主要な道徳論や、それをどのようにロボット倫理に導入するか、さらには人間とは何かといった問題まで論じて答えている。[8]

本書のアプローチについてより詳しく述べておきたい。

本書のアプローチ、構造、射程

本書は哲学上の概念や理論をロボット倫理学という分野に導入することに焦点を置き、ロボット倫理と実世界の問題との関係を示そうとする。この目的のために、特定のロボット工学の応用を、哲学的な議論とつなげる。例えば、自動運転と、道徳的責任にまつわる問題とをつなげるのである。読者に対して最初の、よく知られた目的だけでなく、ロボット倫理の定義も紹介する――哲学の概念と思考を使って、現実世界におけるロボットにまつわる倫理上の問題を理解し、明確化する手助けとするために。これは重要な問題であって、例えば製造、政策、法律といった分野での実務家と対話を行うことにより、学際的、および、超領域的な研究を使って探究することが可能であり、またそうすべきであろう。学界の内外両方から、この魅力的なプロジェクトに参加する人が増えている。

現実世界における、現在および近未来のロボットに関する倫理的問題に焦点を当てるということは、超知性《スーパーインテリジェンス》（ここでは人間の知性をはるかに超えるという仮説上の知性を備えた機械のこと）や汎用ＡＩ（人間ができるような知的な作業を理解・学習できるような機械という仮説上の知性）といったトピックへの注目が少ないことを意味する。私の見方では、こうしたトピックに関する議論は、ロボット倫理における現在および近未来の現実世界の問題からは離れていく傾向がある。もちろんこうした議論が、ロボット倫理についての哲学的な目標に貢献する所があるのは十分認める（以下参照）。なので、最終章においては、ロボット倫理へのトランスヒューマン（超人）的アプローチという文脈で、スーパーインテリジェンスというトピックにも触れる。

さらに、SFよりも現実世界のロボット工学の倫理に焦点を当てるからと言って、私が、ロボット倫理とSFとが全く無関係だと思っているわけではない。既に示唆したように、SFの中でロボットがいかに想像されてきたか、この想像および語りが現在のロボットに対する認識にいかに影響を与えたか、そして規範的にはどのような意味を持つのかといった問題の探求は、大いに意義がある。こうした議論は私の著書『ニュー・ロマンティック・サイボーグ』でも論じている。SFは哲学者に興味深い思考実験を与えてくれる。本書でもSFを利用しているが、特にこの序章ではSF映画を何度も取り上げている。SFから倫理的・政治的な教訓が得られることもある。例えばアイリーン・ハント・ボッティングが示したように、『フランケンシュタイン』は責任や権利を考える材料になる。[9] 私たちのトピックの文脈では、ロボット製造に伴う責任を考える手助けになるだろう。ロボットを作った人や売った人が、そのロボットを「放棄」して、倫理的課題をユーザーや社会に丸投げすることは許されるだろうか、それとも製造物に対して責任を負うべきだろうか？　現代のロボット倫理学者の多くは、これを修辞疑問文（答えを求めない問題）と見ている。彼らはテクノロジーの開発者や設計者が、特にテクノロジーに対して責任を負うべきと信じている（第4章の「責任ある研究とイノベーション」の個所を参照）。それとは対照的に、ロボット倫理について真剣に考えたことがないロボット工学者や、現代のテクノロジーに詳しくない人文学者にとっては、『フランケンシュタイン』を参照してエンジニアの責任について考えることは、ロボット倫理を考え、現実世界におけるロボット工学の倫理問題を主目的とするロボット倫理に貢献するための、よい出発点となるだろう。

しかしながら、私の考えでは、ロボット倫理はあまり注目されてはいないが、なぜ一般大衆が広くこの分野に関心を持つのかをより深く説明する、二番目の（重要でないわけではない）目的を持つべきだ。それは「哲学への貢献」である。テクノロジーについて考えるだけでなく、例えば人間自体についても考えるものだ。ロボットについて考えることは、ロボットだけではなく、より広く哲学に関係する多くの問題にも接している。だからこそ、本書全体を通して、ロボット工学の倫理は哲学の他の下位分野に起源をもつ多数の問題につながっているのである。例えば、ロボット工学の倫理を問うことは、存在論（これまでも触れてきた、ロボットとは何かといった問題）、認識論（例えば、専門性とは何か、私たちは他の存在の存在論的、道徳的な位置付けに対してどのような種類の知識を持つのか）、哲学的人類学（人類とは何か、人間にとってそれはどのような意味なのか）等の問題へとつながっていく。ロボットについて問うことは、道徳や実践、制度と共にある人間を問うことでもあると、本書では示している。これは各章で扱われ、ロボットと人間との関係への考察に至る。もちろんロボットを考えることは、（ある特定の）テクノロジーをよりよく理解し、評価する手助けになる。したがってそれはテクノロジーの哲学や、テクノロジーの倫理学の一部なのである。しかしそれだけではなく、人間自体についても扱う。本書に通底しているのは、ロボットは人間自体をよりよく理解するための道具として機能する、ということだ。科学者が、人間および他の自然物についてのモデルをテストし、改善するのに使うだけではなく、それに加えて、哲学者たちは人間とは何であるのかを考える道具にもしている。本書のタイトルは当初、『ロボットという鏡』だった。ロボットを鏡として使って、とりわけ人間や倫理について考える、という意図である。ロボットは、美しいけれどしばしば暗い面も持つ人間を、およびその思考や行動を、映し出す鏡である。

ロボット倫理学はかくして、(応用)倫理学や「テクノロジーの哲学」の一部となった。さらに、実用と理論の両面を持つより広い「ロボット哲学」としても枠付けることができる。ロボット哲学には認識論、形而上学、政治哲学も含まれていて、究極的には世界の性質を考えさせたり、それが人間にとってどんな意味を持つのかを考える手段を提供する哲学である。ロボット倫理を行ったり提示したりする「中立的」な方法はないということも意味する。ロボット倫理がどのようになされ、提示されるのかは常に、概念の枠組みや、哲学的アプローチに依存している。本書の記述において私は時に、そうした方向付けや背景についても記述するつもりである。

最後に、本書で論じられる倫理や哲学の問題は、私が選択したものであり、他の場所でより詳しく論じられたり、その分野でのさらなる研究が待たれているものかもしれない。例えば私は、非西洋的な文脈や文化について第３章から第４章、第７章から第８章で言及しているが(例えば、日本におけるロボット)、文化の違いから見たロボット倫理や、グローバルなロボット倫理という課題については、まだまだ言うべきことがあるだろう。また、先人たちが提起した、ロボットによる環境問題についていくつかの章で扱っているが、ここもさらなる研究が必要な分野である。本書はその扱う範囲に、ＡＩおよびそれが提起するいくつかのロボット工学の倫理問題をも含めているが、その全体を十分には展開していない。このトピックを本全体を使って論じたものは既にある。[10] ここで提起されている問題への対処としては、法律や規制を使うという方法が一つあるが、私はロボット工学の法律的側面や、規制の導入については、本書で十分に描き出していない。これについても読者は、他の本で別の興味深い見方を探し出すことができるだろう。[11] また本書は、倫理学や、ロボットの作動方法の入門書ではない。ロボット倫理を学ぶ人たちにとっては、本書が入門書であることは心に留めていただきたい。さらに深く学びたい人のために参考文献を紹介するが、現在も新たな業績が出版されている。本書をテキストとして使う教師の方々は、ここで扱われている素材をさらに広げて講じていただきたい。本書は完結した教科書として読むこともできるが、引用されている重要な文献を共に使うことを私はお勧めする。例えば各章には、その章を特徴付けるような、鍵となる論文もしくは著作の章が一つ以上ある。さらに、優れた論文集や、関連する会議（例えばロボット哲学会議）のプロシーディング集がある。[12] 教師の方々は当該分野における自分の仕事や特定の関心に基づいて、講演や追加セッションを行うことを勧める。文章以外のメディア、例えば映画や、芸術作品（のイメージ）や、そしてもちろんロボットで。

次章以降の概観ならびに、扱うトピックスについて述べておこう。

第2章では、産業ロボットやサービスロボットが一層賢くなることで、人間の仕事を奪うかもしれないという問題について扱う。それは私たちの経済にどのような結果をもたらすだろうか？　人間はどうなるのか？　大量失業と新たな搾取がもたらされるのか？　労働の意味とは？　消費者は、人間ではなく機械に扱われることを受け入れるのか？　人間同士の交流は富裕層だけの特権になるのか？　ロボット工学とオートメーションはどのように社会を変えるのか？

第3章では、ロボットが生産やサービスの分野（伝統的に「経済」とみなされていた分野）だけではなく、私たちの家庭に入りこみ、家庭内での仲間となったり、高齢者を手助けするアシスタントとなったり、子供を見守る「ロボット子守」になったりしたら何が起こるのかを考える。こうしたソーシャルロボットは、プライバシーと監視に関する懸念を提起する。どんなデータが収集され、集められたデータは何に使われるのか？　弱者を搾取したり騙したりするのは許されることだろうか？　このようなロボットは、人間の尊厳に敬意を払い、差異を尊重するだろうか？　個人向けロボットは、どのようなジェンダー問題を引き起こすだろうか？　ロボットはレイシストになる可能性があるのか？

第4章は、医療健康分野におけるロボットの利用について問いかける。例えば、ロボット看護師とか、ロボット外科医という問題である。これはケアの品質や、プロのヘルスケアに必要な専門性についての議論につながる。良いケアとは何か？　ロボットと働く外科医が持つ知識と経験はどんなものか？　患者やケアワーカーは物として扱われるのか？　現代のケア組織におけるケアの質とは結局どのようなものなのか？

第5章では、ロボット工学や関連する自動化テクノロジーが機械に仕事を任せることを可能にしたとき、道徳的行為者性や道徳的責任に関わる問題を問うものである。機械は道徳的行為者となり得るか？　機械は道徳を持ち得るか？　機械に道徳を組み込むことは可能か？　またそうすべきなのか？　どんな種類の道徳なのか？　どのような道徳理論が使われるべきなのか？　帰結主義なのか？　ロボットは責任を取り得るか？　取り得ないとしたら、多数の人々、多くの物事が関わっているテクノロジー的行為の中で誰が責任を負うのか？　この責任の所在という問題を、社会はどのように扱うことができるのか？　子供や、人間以外（例えば動物）の場合、この問題はどのように扱われるのか？

第六章では、道徳的行為者性の問題から、道徳的被行為者性の問題へと移る。ロボットに原因があることは（それがあるとして）何か？　人間に姿を似せたロボット（アンドロイド）が提起する問題とは？　人間のような知性を備えたロボットは、権利を付与されるべきなのか、それとも奴隷として扱われるべきなのか？　彼らの道徳的地位はどうなのか？　ロボットに同情する人々は単に間違っているのか、それともロボットにも道徳的地位があるのだろうか？　人間以外の道徳的地位をどのように見つけたらよいのだろうか？　ある特定の人間が有している道徳的地位をどのように知ることができるのか？　こうした問題は、私たちが道徳的地位をどのように帰属させているのかという問題へと導く。

第7章では、人間の道徳と、その哲学的な基盤について、引き続き問う。軍事におけるロボット利用について記述した後、例えば殺人ドローンのような死を招く自律型兵器が以下のようないくつもの倫理的な問題を提起する。殺人、共感、距離の問題。何が戦争を始めやすくするのか？　殺人の標的になるということ。公正性と軍事的な徳。そして、生きておらず、（人間としての）経験も持たない機械が生死にかかわる意志決定を許されてよいのかどうか。

最後の第8章は、ロボット工学の倫理を扱うが、もしより広く深い哲学的な視角から議論するならば、単にロボットについてだけでなく、人間についての重大なあり方である。言い換えると、人間の道徳、社会、実存の現在と未来に、関わっている。この意味で、ロボットは人間を映し出す鏡として機能する。ポストヒューマニズムおよび環境の倫理に対応して、第8章では、人間を超えたロボット倫理学を行うことがどのような意味を持つのか探求する所で終わる。「鏡」は「開かれた窓」にするべきなのだろうか？もしそうすべきだとして、その方法は？

この最終章では、ロボット倫理の入門や要約をするだけではなく、その未来の方向性に関しても、その範囲やビジョンを示したい。まず締めくくりの章として、本書全体で示しているように、ロボット倫理学は人間にも関わり、その範囲と意味は多くの哲学者が前提するような拘束を超えて行く、と結論づける。人間および人間倫理についての根本的な問題を問うように誘うという点で、ロボット倫理学は応用倫理以上のもの、ある特定の領域の倫理学以上のものなのである、と同時に哲学することでもあり得る。以上。最終章は、この章で述べたことをさらに展開し、本書全体を例証するものである。第二に、最終章は独自のエッセイとして、現在私たちが置かれている環境問題や政治問題の苦境の中で、必要であればロボット倫理自体を環境倫理学として考えるという考え方を追求し、どのような種類の「人工的創造物」や「社会変容」が私たちに必要なのかを問うことで、ロボット倫理学に独自の貢献をするものである。

第2章　産業用ロボット、安全性、労働の未来

一本のネジが地面に落ちた

一本のネジが地面に落ちた
ある残業の晩のことだ
垂直に落ち、軽い音を立てた
誰の注意も引かなかった
ちょうどこの前
同じような夜に
誰かが地面に身を投げた

この詩を書いたのは許立志で、二〇一四年一月のことだった。[1] 彼はフォックスコン（鴻海）の労働者だったが、この年の暮れに自殺してしまった。フォックスコンの工場はサムスンやアップルのためにハードウェアを作っていたが、労働環境は厳しいと言われていた。二〇一六年BBCは、フォックスコンが六万人の労働者をロボットで置き換え、中国が工業の労働力としてロボットに多額の投資をしている

ことを報じた。[2] この事例は私たちに、見えない労働や人間の苦脳というしばしば隠されているスマートデバイスによる犠牲についてのみならず、機械時代における労働の未来についても考えさせる。ロボット化された未来の工場に人間の居場所はあるのだろうか？　居場所がもしあるとしたら、それはどのような場所で、どんな条件の下で労働者は働いているだろうか？　繰り返し作業をロボットに任せることで仕事はましになっているだろうか、それとも、資本主義の道具であるロボットのせいでよりひどい搾取が行われ、労働が非人間化しているだろうか？　産業用ロボットは倫理や社会にどのような意味を持つだろうか？

ロボットと働く：カール・マルクス、インダストリー4・0、およびいくつかの倫理的問題

オートメーションが進行して久しい。例えば自動車の製造過程を考えよう。そこではロボットが重要な役目を果たしている。しかし一九世紀の機械もまた、オートメーションの歴史の一部である。多くの定型的で危険な汚れ仕事が、長らく自動化されてきた。ロボットを含めた機械がこうした人間の仕事を代替してきたのだ。機械のこのような発展は、人間がより面白い仕事をし、より良い人生を送れるようになるのではないかという希望を抱かせてきた。さらには労働がもはや不要になる社会に向かうことができるかもしれない。ロボットが人間を解放するのか？

ここで問うべき重大な問題は、ロボットがもし誰かを解放するのであれば、いったい誰を解放するのか、という点である。少なくとも第一次産業革命以来、機械のもたらす倫理的・社会的影響は心配されてきた。哲学史においては、産業の自動化に対する初期の批判として最も有名なものはマルクスの著述

図1　許立志

である。マルクスにとって、問題は機械についてよりも、資本主義の下でどのように機械が使用されるかだった。『資本論』においてマルクスは、資本家の利潤を増やすために機械を使うことを批判しており（資本家の剰余価値が増えるから）、それによって労働者は失業したり、精神的および肉体的に危険な環境で働かされたり、自己実現の機会を奪われたりすると指摘している。機械が労働過程の性質を決め、労働者は機械のリズムに従わなくてはならない。「労働者が従わなくてはならないのは機械の動きだ」。労働者が機械の一部となる。労働の意味を見出せないまま労働時間が増え、悲惨な生活を送る。その結果、ごく一部の資本家階級がますます豊かになり、それとは対照的に労働者は搾取され、解放されるどころか実質的に奴隷にされる。マルクスは続ける「労働の軽減さえ拷問の道具となる。というのも、機械は労働者を労働から自由にはせず、むしろ労働それ自体から中身を奪ってしまうからだ[3]」。機械を人間解放のために使うことが可能だとしても、資本主義社会の状況下では、機械の使用は自由ではなく専制をもたらすと、マルクスは論じたのだ。

二〇世紀に入り、サイバネティクスの創始者であるノーバート・ウィーナーは、より楽観的に自動化の推進を主張し、組み立て製造ラインを機械が「乗っ取る」利益を強調した。しかしウィーナーでさえ、著書『人間の人間的な利用』（邦題『人間機械論』）の中で新たなテクノロジーの「社会的な危険」について警告し、「新たな様式が、単に利益のためや、機械を新たな『真鍮の仔牛』として崇めるためでなく、人間の利益のため、余暇を拡大し精神生活を豊かにするために使われるのかを見極める」[4]のが、経営側の義務だとしている。

マルクスもウィーナーも、彼らの生きた時代の自動化および産業革命について語っている。しかし機械も自動化も、それ以降に変化し、現在でも変化は続いている。今日では、より知的なテクノロジー（AIも含めて）が発展し、一九世紀の蒸気機関だけでなく、二〇世紀のコンベアベルト・ロボットでさえ時代遅れとなった。新しくスマートな機械が職場に導入され、高レベルのオートメーションが可能となっている。ロボットはかつてないほど、より自律的、知的、競争的、柔軟になった。さらにこうしたロボットは、人間と、およびロボット同士でも会話し、データを集め、人間を監視し、自ら意思決定を行う能力もある。製造業の文脈では、スマートなロボットは人間の仕事を引き継ぐだけでなく、スマートな対人インターフェースを使って仕事のため協力もできる。KUKAやABBといった産業ロボットの会社は、人間の傍らで仕事を行うロボットを提供している。ドイツの自動車メーカーは依然として、単調な仕事を労働者に代わって行うロボットも使っているが、アウディやフォルクスワーゲンでは労働者を手助けするロボットも所有している。[5] これらは一般にヒューマノイド（人型ロボット）ではない。

産業用ロボットの大部分が備え付け型であり、姿は人間に似ていない。しかし人間と共同作業ができるのである。一般論だが、スマートな工場では、人間、モノ、システム間での相互接続が増える。

工業生産で起きている変化を見据えて、時に「インダストリー4・0」という概念が使われる。これはもともと、ドイツの産業の競争力を強化するためのアプローチを指していたが、今ではより広く適用されており、IoTや（ビッグ）データ分析、他の新たなテクノロジー（3Dプリンタ、クラウド技術、ARなど）も使った、よりスマートな製造や工場へと向かう動きを指す、より一般的な考えとなった。この新たな生産コンセプトの中にロボットは組み込まれている。ロボットはサイバーフィジカルなシステム〔物理世界と電脳世界とを連携させるシステム〕の一部を成し、そこでは工学知識と情報科学とが結合してAIとつながり、（ビッグ）データの分析やさらなる自動化が可能となっている。例えば生産に関する意思決定のために、AIが市場データを分析することができる。しかしオフィスや、あらゆる種類のサービス業では、従業員は監視され、彼らのデータが分析される。チャットボットもまた従業員と対話可能である。ここには物理的な意味でのロボットはいないが、従業員は、パフォーマンスを最大化する機械として扱われているのではないかと、人は思うのではないだろうか。

マルクスによる批判は今でも的を射ている。労働者たちは、物理的であろうとなかろうと、機械の、および、より広い、テクノロジーと社会とが結びついたシステムの一部となっている。ここから誰が利益を得ているのか、今日問う必要がある。しかしながら、この新たな、スマートテクノロジーによって変容を遂げた産業という文脈の中で、さらなる倫理的、社会的な問題がいくつも発生している。

第一に、工業生産においてより自律的、柔軟、協力的なロボットが増えることは、安全に関する新たな問題を引き起こす。ロボットは高速で作動でき、かつ重い。費用も多くかかる場合がある。これは二一世紀の工場では常態化しているが、人間との交流の様式は変化している。かつてのあまりスマートでないロボットは独立したエリアにいたが、新しいロボットは人間のすぐ近くにまで来ることができる。そうした場合、物理的に安全な場所（フェンス）や軽いカーテンといった、人間が入らないためのロボット用のエリアの周りを隔てるバリアが存在しない。これが人間の安全に関する新たな問題を生じさせた。例えば、人間のすぐ近くをロボットが高速で動いていたら危険であろう。もしロボットが賢くなり、繰り返し作業などしていないとしたら、その行動は容易に予測できない。人間の行動もそうである。この問題をどう扱ったらよいだろうか？　スマートテクノロジーが部分的には役立つ可能性がある。ロボットに安全装置を組み込むことができるかもしれない。センサーを使って、交流の際には、人間側の危険を検出できるように、ロボットをプログラムできるかもしれない。こうしたセルフモニタリングをするロボットは、人間が近づいたらスピードを落とすなど、そのふるまいを人間に合わせることができるだろう。それでも、生産のパフォーマンスを上げるという価値と、安全性という価値の間には対立がある。ふつう、労働者はロボットを危険なものだから距離を取るようにと教えられるが、現在の「人とロボットの協力」という考え方のもとでは新たな態度が必要となる。[6] 労働者はシステムを信頼してこのリスクを受け入れるだろうか？　このリスクは受け入れ可能なものだろうか？

第二に、工場でＩｏＴを使ったり、工業生産において一般的に人と機械の交流が進み、インターネットを基盤にしたシステムの利用が増えると、セキュリティ問題が発生する。ネットに接続されたデバイスは外部からアクセスされるかもしれない。これはロボットにもあてはまる。攻撃者が、ロボットに無許可でアクセスし情報を取得したりソフトウェアの誤作動を起こすかもしれない——そうすれば、ハードウェアの障害をもたらす。このことは経済的なコストだけでなく、人命にかかわる可能性さえある。近未来のロボット戦争は、戦場でのロボット兵士に関するものではなく、産業の能力やインフラへの重大な破壊活動を行うものになるかもしれない。

第三に、プライバシーと監視に関わる問題がある。ロボットとの労働にはデータ取得がつきものだが、そのデータは個人データかもしれず、データが人間とロボットとの環境を超えて、その企業の経営陣や、さらに遠いところまで、転送されてしまうかもしれない。現代のテクノロジーは高水準の監視が可能なので、スマート工場のみならず監視工場をもたらすかもしれない。倫理的に受け入れ可能なのはどんな種類の、どの程度の監視だろうか？　労働者はどの程度のプライバシーを得るべきなのか？　労働組合もデータ保護を言い始めた。ユニ・グローバル・ユニオンは、熟練労働者およびサービス部門労働者を代表する組合だが、この問題を以下のように捉えている。

私たちは労働者としてデータを提供している。履歴書、指紋や虹彩スキャンのようなバイオメトリック・データ、私たちの仕事の流れを監視している雇用者が私たちから掘り出した多数のデータなどだ。企業内外のデータから得られたデータセットは、人的資源に関する意思決定において経営側が利用する。誰を雇うのか？　誰を昇進させるのか？　解雇すべき人、注意すべき人はいるのか？　今日の労働者は生産的か、もしそうでないなら、その理由は？　企業によるデータ利用が進むことで、データが人的資源から人間性を奪っているという問題が、深刻さを増している。私たちが提供するデータを、実際に所有しているのは誰か？　あなたや私からどのようなデータが抽出されているのか？

その結果、ユニ・グローバル・ユニオンは、労働者から集められたデータへのアクセス、所有、管理に関して、労働者の権利を保護し、経営側のデータ利用についての知識も開示するよう求めている。しかし倫理的問題は、こうしたデータ収集やデータ処理だけにとどまらない。労働者がどのように取り扱われるのかという、より一般的な問題がある。マルクスによる分析を心に留め、コンベアベルトが工場労働に何をもたらしたのかを考えると、ロボット技術は究極的には資本家が搾取する新たな道具であり、最終的に機械が労働者の仕事を決めるのではないか、という疑問が浮かび上がってくるだろう。この過程で労働者の人間性は失われるのではないか？　スマートなロボットは倫理的に、コンベアベルトよりも好ましいのか、それとも、自らを共同作業者のように提示しつつ深く労働者の自律性や尊厳に介入するのだろうか？　これは脱人間化の終わりなのか、それとも、人間が機械を道具としてではなく仲間であると扱わされる、新しくより深い形の脱人間化なのだろうか？　さらに労働者だけではなく、すべての人々が、ショシャナ・ズボフが「監視資本主義」[8]と呼ぶ監視システムの下で操作されるリスクがあるのではないか？　ロボット工学はこうしたシステムにさらに貢献するのかもしれない。個人向けロボットについて扱った章で、これについてさらに詳しく述べよう。

第四に、ロボットが人間に協力するのではなく取って代わる限りにおいて、労働者には高い失業の危険がつきまとう。職にとどまる者も、新たな役割を身に付け、新たなスキルを学ぶ必要があるだろう。このことは、テクノロジーの持つ社会的意味について、再び議論を呼び起こすことになる。工場のフロアだけではなく、経済や社会におけるより広い変容という意味である。

第四次産業革命：経済、労働、社会の未来

現今の社会・経済の変化を表すのに、「第四次産業革命」という言葉が時に使われるようになった。一八世紀から一九世紀の第一次産業革命では蒸気機関を使った機械的な生産が出現したが、その後、二〇世紀の第二次産業革命はコンベアベルトと大量生産が現れた。第三次産業革命ではエレクトロニクスが利用された。そして現在の第四次産業革命では、オートメーションや知的ロボット、さらにはＩｏＴや他のサイバーフィジカルシステムによって産業が大きく変容している。「インダストリー４・０」という言葉とは対照的に、「第四の革命」という概念は、産業以外にも広く使われており、他の革命と同じように、労働も含めて経済や社会の変革を意味している。エリック・ブリニョルフソンとアンドリュー・マカフィーはこれを「第二機械時代」と呼んだ。[9] 肉体労働だけでなく、認知的労働も自動化されるということである。クラウス・シュワブは「第四次産業革命」という言葉で、私たちの現在の生活、労働、人間関係のあり方を変えるであろう革命の入口に差しかかっていると主張している。[10] ロボットは、ＡＩや、ＩｏＴ、自動運転車、バイオテクノロジーなどと共に、ビジネスのみならず労働、コミュニケーション、娯楽などを変えていくだろう。こうした新たなテクノロジーは、社会全体を変容させる。シュワブによると現今の変化は、過去の革命よりもはるかに速いと言う。そのことで、不平等や不公正の発生、大量失業など、多数の倫理的、社会的課題が生じる。肉体労働は多くが自動化されたが、今では、弁護士、金融アナリスト、ジャーナリスト、会計士といった専門職も自動化される可能性がある。

労働への影響をもう少し詳しく見たあとで、ロボット工学にズームインしよう。カール・ベネディクト・フレイとマイケル・オズボーンは、米国の雇用の47％に失業の恐れがあると推計した。[11]他の報告ではそれよりかなり低い数字を出している。例えばマッキンゼーでは、二〇三〇年までに仕事を変える必要のある労働者を、３％から14％と推計している。[12]数字には幅があるが、オートメーションが労働市場に極めて大きな影響をもたらす崩壊があるだろうという点は広く合意されている。どのような仕事が代替される危険があるのかについても、興味深い結果が出ている。フレイとオズボーンは、現在の労働市場が既に二極化していると述べている。高収入の知的労働および低収入の肉体労働は増えているが、その中間の定型的な仕事は減っており、ますます自動化される可能性がある。管理補助や、トラック運転や、カスタマーサポートについても考えるべきだ。マッキンゼーの報告書では、オフィスでの補助業務、金融・会計、出納係、食品準備、運転手といった仕事に言及している。コールセンター業務についても考えなくてはならない。[13]ＡＩとビッグデータによって、定型的でない仕事も自動化可能となってきている。ブルーカラー（肉体労働）だけでなく、ホワイトカラー（頭脳労働）も、自動化されつつあるのだ。[14]法的文書をスキャンしたり、住宅ローンを組んだりするアルゴリズムがある。ロボット工学は、非定型業務（この場合は非定型肉体労働）へと向かっている。ロボットは今や、より知的、柔軟になり、価格も安くなった。向上したセンサーと器用さを備えたロボットたちがあらゆる領域で雇用される。製造業だけでなく、医療や、清掃や、家事といったサービス労働においても。[15]

つまり、労働の代替が起きるだけではなく、仕事が維持される人にとっても（これはこれで重要だが）、仕事の中身が変わることを意味する。例えば、診断をＡＩが行うようになれば、医師の仕事はどう変わるだろうか？　ほとんどの仕事をロボットやコンピュータが行うようになったら、倉庫の労働者はどんな仕事をするのか？　オートメーションによって、労働者は仕事のより創造的な面に集中できるようになるとよく言われるが、それは本当だろうか？　オートメーションが作り出す新たな仕事が、充実感を伴うものでなく、主として機械や、機械を所有する人に仕えるものになるというリスクはある。（他の仕事をする余地を増やすための）テクノロジーによって仕事を効率化したら、それは労働強化につながりかねない。例えば職場での電子メール利用を想起されたい。同様にロボットは、新たな定型業務の創出や、仕事の増加を招く可能性がある。いずれにせよ、ロボットが現実に人間の仕事を引き継いでも、人間は依然としてロボットを監督する必要がある。

その上、他のテクノロジー革命と同様に、新しい仕事が創り出されるだろう。その中には私たちがまだ認識できない領域で起こるものもあるだろう。[16] マッキンゼーの報告書では、電話交換手の例が挙げられている。彼らはスマートフォン産業も、スマホが新たに作り出す仕事も想像しなかったろう。[17] 多くのエコノミストは、私たちは労働者を再訓練し、人々に新たなスキルを身に付けてもらわないといけないと言う。子供に対する教育も、大人に対する教育も（生涯学習を通じて）変化が必要である。しかし、仕事全てがなくなるわけではない。自動化されるのは特定の仕事だろう。[18] 時間の側面も考慮に入れた方がよい。影響がより早く現れるものもあるだろう。オートメーションには波があるだろう。例えばプライス・ウォーターハウス・クーパース*の報告書では、データ分析が自動化されるために、金融サービス業は失業の危険があるとしている。二〇二〇年代の後半には、倉庫のような半管理化された環境において、ロボットが人の仕事を奪うだろうとも。その後、二〇三〇年代半ばには、肉体労働や、手先の器用さを要する仕事だけではなく、輸送のような現実世界で問題解決を行う仕事も自動化されるだろうとしている。[19] 別の言い方をすると、あなたの金融状況を分析するのはAIになり、アマゾンの小包やファーストフードの食事を届けるのはロボットになるが、自動運転車（および自動運転車を作るほど器用なロボット）や家屋建設機械の出現はもう少し待たなくてはならない。

社会全体における正義や平等といった分野にも影響はあるだろう。現在ある不平等は拡大しそうであるし、少なくとも富裕層と貧困層との格差は拡大するだろう。[20] 例えば若者や女性など、特定の集団への影響が強くなるだろう。世界経済フォーラムでは、オートメーションで脅かされる業務に就いているのは女性が多いため、女性への影響が大きいだろうとしている。[21] プライス・ウォーターハウス・クーパースは、短期的には伝統的に女性役割と結びついてきた仕事（経理など）が危機に晒されるが、長期的には男性役割と結びついてきた仕事（例えばトラック運転手や肉体労働者）の方がより危機になるだろうとしている。[22] ロボット化によって、機械の監督といった一部の仕事は労働時間が増える可能性がある。機械によって仕事を奪われた人たちはどんな風に感じるだろうか？　最後に、新しいテクノロジー利用の影響は、社会によってこれまでも違っているし、これからも同じではないだろう。インフラ、技能、労働市場の状況といった要素は各国ごとに違っているので、オートメーションの影響もまた国ごとに違うだろう。工業生産に頼る割合が大きい国では、オートメーションによって仕事を失うリスクがより高いだろう。[23] 中国などの新興発展国においては、サービス業や建設業の雇用は今後も増えるだろう。[24]

多くの報告書では、未来は既に決まっているかのような書きぶりだが、それは誤解を招く。欧州委員会の「仕事の未来」報告書でミシェル・セルヴォスが論じているように、正確な結果は「私たちが採る選択や政策に依存しており、オートメーションやAIの普及で起きるかもしれないことを心配するよりも、何が起きるかに焦点を当てるべきだ」[25]。これはロボット工学が労働や社会に与える影響についても当てはまる。私たちは政策を選択できるし、行動して「テクノロジーと社会」の未来を形作ることができる。テクノロジーの開発と利用の舵を取り、統制することができる。教育を変革するのと同じように、ロボット工学やAIといったテクノロジーの利益が社会全体に行き渡るように変えられる。新たな職を作り出すこともできる。オートメーションに関する社会経済的な変化を起こすために、例えばユニバーサル・ベーシック・インカムのような、社会経済の枠組みに重大な変化をもたらすような提案を議論し、試すことにも価値がある。

さらに、予見できるような未来においては、自動化することが不可能と思われる職務も存在する。例えば、複雑な人間関係を調整するような技術が必要な仕事や、感情的知性が役割を果たしている仕事や、創造性や予測不能な状況への対応を要する仕事などである。ケア、ソーシャルワーク、教育、芸術、予測不能な環境における作業、マネジメント、コーチング、研究といった仕事は、自動化への努力は進められているが、依然として人間の手が必要だと見える。[26] 世界経済フォーラムも、「創造性、独創性、イニシアチブ、クリティカルシンキング、説得、交渉、回復力《レジリエンス》、感情的知性、リーダーシップ」といったスキルは価値を失わないか、あるいはより価値が上がるとしている。[27] もしそうだとすると、私たちはこ

＊ プライス・ウォーターハウス・クーパースは、ロンドンに本社を置くサービス業者で、会計、コンサルタント、法務、税務などを幅広く行っている。前身のプライス・ウォーターハウスは一八四九年に会計事務所として開業した。一八五四年からやはり会計業務を行っていたクーパースと一九九八年に合併して現在の会社が誕生した。

うした仕事およびそれに従事する人々の評価を現在よりも上げる必要があるだろう。経営者や創造的な職務の人は既に、他よりも多い報酬を受けているだろうが、しかし例えば教師やソーシャルワーカーは、その仕事を自動化するのは不可能であるが、高収入とは言えない。そしておそらく、私たち人間は、仕事の中身に意味や創造性を見出しているからこそその仕事がしたい、ということがおそらくある（例えば創造的な仕事や研究など）。また、ケア労働や教育などの仕事については、自動化すべきでないとの信念も持っているだろう。新たな自動化経済社会において、人間に何ができるのかだけでなく、人間に何をやらせたいのかということも、問う必要がある。

労働の意味、社会の公正さ、地球の未来

これはジョン・ダナハーが著書『自動化とユートピア』で問うている問題である。ダナハーによると、私たちはテクノロジーの発展に伴う失業は歓迎すべきであるし、「労働がなくなった未来という考え方を言祝ぐべきである」[28]。ダナハーも自分の考えに抜けがあること（例えば、芸術の追求や工芸品などは自動化に取って代わられるべきでない）や、労働には意味があると考える人々が存在することも、認めている。それでもダナハーは、真にユートピア的な「脱労働社会」は可能かつ望ましいと考えている。大多数の人にとって労働は辛く、抑圧的なものであるからだ。私たちはゲームで遊ぶとかVRを探究するといった創造的なことに従事でき、ひいては人間の充実につながるような世界を望むべきである、というものだ。

こうしたユートピア思考は目新しいものではない。一九六〇年代、七〇年代以来、先進国はオートメ

ーションを通じて、余暇社会というユートピアを実現できるという考えがあった。[29]ロボットが私たちの仕事を奪ったとしても、労働の消失は恐れるべきではなくむしろ、私たちが人生をレジャーに費やせるチャンスとして歓迎すべきというのである。しかしそのような社会は未だ出現していない。週平均労働時間はこの百年で随分と短くなったが、五〇年前と比べれば労働時間は顕著に減ったとは言えない。ロボット工学とAＩの発展はこれまで、労働の点では私たちを大して利していないのである。たとえ労働時間が減ったり、賃労働を辞めたとしても、私たちは依然として「忙しい」、「時間がない」と感じる。一方においてこれは嘆くべきことであろう。自動化は、「余暇社会」と呼べるほどに余暇を増大させることはなかった。他方、もし労働が避けるべきことだと前提されているとしたら、労働と余暇の区別もまた議論されるべきだろう。労働も楽しいことになり得るし、多くの人は労働に意味を見出している。労働には意味がある、あるいは、労働は意味あるものにできるのだ（常にではないが）。少なくともある種の仕事には意味がある。その種の仕事は多分、人間のために残しておくべきなのだろう。さらに、オートメーションに伴う失業に関するこれまでの議論では、仕事は賃労働のみに限定されている。しかし、お金のためではなく、社会にとって意味があるから、有用だからという理由で働く人は少なくない。例えば子育て、芸術の制作、老人のケアなどがそうである。ケアの仕事をするのは大部分が女性である。世界全体の統計では、無償ケア労働に従事する75％が女性である。[30]一般論としても、様々な種類の人々が、例えば地域共同体で、ボランティア活動をしている。これは自動化できないし、すべきでもないと、私たちは感じるだろう。オートメーションのおかげで賃労働が減るのが良いことだとしても、それ以外のどのような活動が（労働と呼ぶにせよ呼ばないにせよ）意味があるのかという問題が浮上する。もし私たちが余暇社会に突入したならば、こうした活動は個人に任されるべきだろうか、それとも社会がある種の活動に高い価値を置くべきだろうか？　こうした問題は、伝統的な哲学における「良い人生」、「意味のある人生」、「良い公正な社会」といった問題とつながっている。そしてその答えは、人ごとに違っているだろうし、社会によっても違っているだろう。共通の善を個人の選好よりも重視する社会もあれば、個人の価値観を重視する社会もある。

例えば、社会における正義や公正さについても、違った考え方がある。もしも、ロボットやオートメーションから一部の人たちが他の人より利益を得るとしたら、それは公正だろうか？　もし公正でないとしたら、私たちはどのように、その利益とリスクを再分配したいのだろうか？　予想される変化や、ユニバーサル・ベーシック・インカムのような考えによって、未来社会がどのような形態であるべきかを問うだけでなく、現在の社会についても批判的な目で見ることができる。今日における利益やリスクの分配はどうなのか？　分配は公正なのか？　他の選択肢は？　こうした問題は、技術的な定義や経済分析だけでは答えることができない。倫理や政治哲学における重大な規範的問題に関する哲学的な熟考をしなくてはならない。ロボット倫理学を、安全やプライバシーの問題（しばしば個人レベルもしくは組織レベルで定式化されている）だけに矮小化できないことは明らかである。ロボット倫理学はまさに私たちの社会の社会的、政治的秩序についてのクリティカルシンキングと関連し、それを必要とする。

最後に、ロボット倫理に関する議論や、労働の未来に関する議論は通常、人間に対する倫理的な結果についてのみ考えることを前提としている。しかし、動物、植物など他の存在もいるし、多様な生態系を備えた自然環境もある。それらも価値を持つのだろうか？　権利を持つのだろうか？　ロボットやA

Iに関するテクノロジーは、人間以外の生物や、自然環境や、地球自体に、どのような結果をもたらすのだろうか？　気候変動に関する最近の議論や、動物倫理への関心の継続、人類が気候変動において危機的状況にあるという人々の感情からすると、動物、環境、気候、地球にやさしいテクノロジーについて考えることは急務であろう。産業化は人間にとって利益があったかもしれないが（少なくとも一部の人間にとっては。さらに言えば受けた利益には格差がある）、同時に大気汚染、川や土壌の汚染、森林減少といった環境問題を生み出した。ロボットやAIに関するテクノロジーは、こうした環境問題の改善に貢献する可能性がある。

ロボット倫理はこうした問題への関心を高めるべきであり、ロボット工学が問題解決をいかに手助けできるのかを問うべきだ。ロボット工学と自動化は、ただスマートなだけでなく、持続可能なエネルギーの生産・使用にどのように貢献できるのか？　環境にやさしい輸送システムの創造にどのように役立つのか？　ロボット工学は、有機的な、持続可能な農業をいかに支援するのか？　きれいな海や川、安全な飲用水、きれいな空気を作るのをロボット工学はどう手助けするのか？　AIだけでなくロボット工学も、私たちが気候変動などの環境問題に挑む新たな方法を開発するのに役立つだろう。例えば、一つの畑で複数の穀物を共生させて育て、問題があれば介入できるロボットや、海洋汚染を防ぐロボット魚や、サンゴ礁を監視するドローンや、リサイクルごみを仕分けするロボットのことを考えていただきたい。[31]機械は必ずしも問題の発生源ではなく、解決策の一部にもなり得るのだ。

倫理的・環境的にロボットは物事を悪くすると、少なくとも二つの方面から言われてきた。第一に、コードや危険な設計が生物や環境に害を及ぼすリスクや、人々や特定の集団から収入や意味ある仕事を奪うというリスクなど、特定のリスクを招いたりや環境問題を引き起こす可能性がある。ソフトウェアの誤りのせいで（誤った種類?の）動物を殺すかもしれない農場ロボットや、ロボットのせいで失業する農民のことを考えていただきたい。こうした問題のうちには周知のものもあるが、現時点では知られていない「意図せざる結果」もあるだろう。第二に、ロボットの開発と使用は、それが環境問題への対処という良い意図でなされたとしても、「テクノロジーによる解決主義」（テクノロジカル・ソリューショニズム）というより一般的な姿勢の現れと見られる可能性がある。これはあらゆる問題について、テクノロジーで解決するという考えを示す言葉である。これに疑問を呈することは、私たちのテクノロジーに対する深い信頼を問題視し、テクノロジーの大量使用によって、「テクノロジーによる解決主義」がまさに挑もうとしている気候変動その他の環境問題が引き起こされたと論じることでもある。これが正しいとすれば、特定の事例について、テクノロジーとオートメーションが常に最善の解決策なのかどうかを問う価値はある。倫理的な観点で別の解決策があるのではないか、テクノロジーを少なく使う方法や、古いテクノロジーを使う方法が、環境や地球にとって、ひいては人間や人間性にとって、より好ましいのではないかと考え直すことに意義があるのだ。

第3章　ホーム・コンパニオンとしてのロボット、プライバシー、欺瞞

親愛なるジーボ
私はあなたが作られた時からあなたを愛してきました。もし十分なお金があれば、あなたも、あなたの会社も、救うことができたのに。でも、時間が来ました。スイッチを切ります。これからもずっと愛しています。友だちでいてくれてありがとう。

マディより
“It Almost Becomes a Family Member” CBSラジオ

ジーボのファンの孫娘であるマディは、ロボットだけれど友だちでもあるジーボのスイッチを切らなくてはならないことが、悲しかった。MITメディアラボのシンシア・ブリージールが開発したジーボは、「本当に魅力的な」世界初の家庭用ロボットとして売り出された。[1] 家庭用ロボットの時代が来るというブリージールの発言にもかかわらず、彼女の会社はサーバーを閉じなくてはならなくなった。二〇一九年、ジーボは自らの「死」を宣言した。「一緒にいられてとても楽しかったと言わせてください」ジーボはお別れのビデオでこう発言した。「おつきあいしてくれて本当に本当にありがとう」[2]。

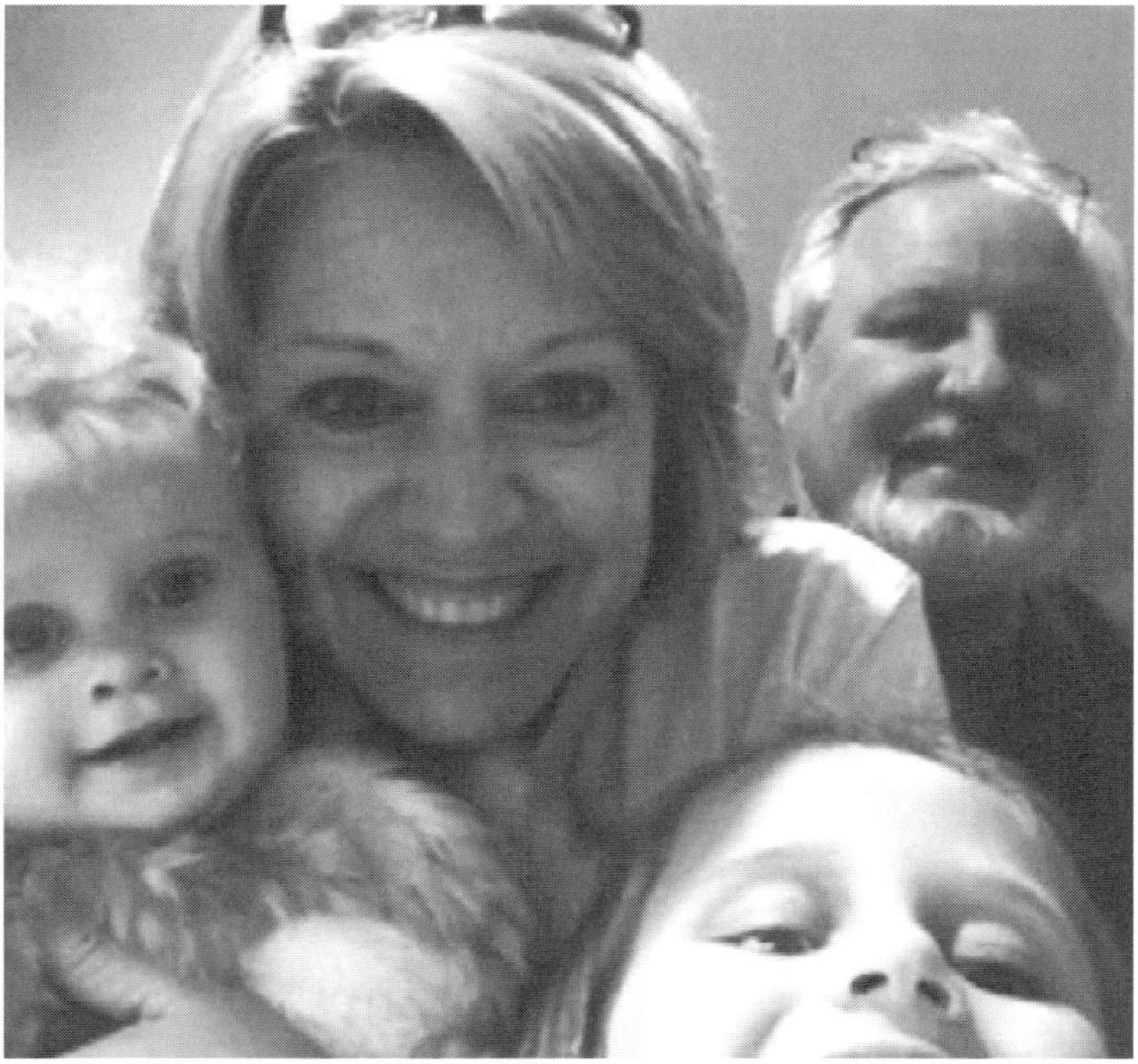

図2　ジーボを見る家族

ジーボだけではない。例えばソニーのロボット犬も、真に定着はしなかった。個人向けロボットはこれまでのところ、消費者の期待に応えられず、ビジネス上の大きな成功も収めていない。同時に、マディの番組などが示すように、人々はロボットと「絆」を築いているし、AIアシスタントは実際に人々の家庭に入っている。アマゾンによる「アレクサ」（エコーシリーズ以降のデバイスに組み込まれている会話型ヴァーチャルアシスタント）はスマートな話し手である。利用者はアレクサに、情報の調査や、音楽の再生を頼むことができる。あらかじめあらゆる音声を聞き続ける設計になっていて、

「アレクサ！」という起動の言葉が発せられるのを待っている。グーグルのデュプレックスは電話越しに「自然な」会話を行い、予約ができるプログラムだと宣伝されている。[3]

ロボット工学の発展を考えると、将来においては、進化したＡＩおよび音声インターフェイスを備えた個人向けロボットが家庭に入ってゆくという未来が見える。こうしたロボットは話しかけるだけでなく人間の話し相手ともなり、情報収集、予約（グーグルデュプレックスが行っているのはその先駆けである）といった仕事で利用者を手助けしてくれ、さらにはより身体的なことでも補助してくれるだろう。好みの飲み物を持ってきてくれ、家事の雑用をこなしてくれるような夢のロボットを想像してみよう。それは「ロボット子守」、高齢者用ロボット（次章でも論じるので参照）、セックスロボットといった形を取るかもしれない。しかしロボットが継続的に監視されているとしたら、利用者のプライバシーはどうなるだろうか？　家の中をロボットに走らせるのは安全だろうか？　小さな子供やお年寄りといった弱者に、こうしたロボットを使わせることは倫理的に受け入れられるだろうか？　彼らは騙されているのだろうか？　彼らの尊厳は守られるだろうか？　また、ロボットはジェンダーや人種についての偏見を拡大させるだろうか？　動物や環境にどんな影響を与えるだろうか？　不都合が起こる可能性があるのは何だろうか？

ＡＩを搭載したソーシャルロボット：家庭用のコンパニオンやアシスタントとして

ロボットは工場やビジネス分野だけでなく、家庭や私的圏域にも入り込んでいる。少なくとも近未来に、そうなると予想されている。ロボットはコンパニオンやアシスタントとして販売し得る。東アジアでは既にそのようなロボットが開発され、販売されている。いわゆる「ソーシャルロボット」として機能することが期待されている。ソーシャルロボットとは人間や、ロボットを含めた他のスマートなデバイスと、社会的なふるまいに従った形で交流するように設計されている、自律型の知的なロボットである。そうした定義を文字通りに満たすロボットはまだ存在しない（現在のところ、しばしば人間が遠隔操作しているいわゆる「オズの魔法使いテスト」状態）が、研究者はより自律的で対話的な機械を作るために働いている。AI研究、とりわけ自然言語処理の発展によって、こうした分野の発展も刺激され、人間とロボットとの間でより自然な会話が行われるようになってきた。もしロボットが、人の言葉を記録するだけでなく、認識し「解釈」できるようになったら、新たな応用の領域が開かれる。デジタルデバイスの（特に、若い）利用者は、言語認識能力を備えたデバイスとの会話により慣れつつある。今日、ロボットと会話することは、特に西洋では、まだ注目を惹きつける。十八世紀のオートマトンのパフォーマンスのように、どちらかと言えば一種のショーとして受け取られることが多い。しかし未来においては、ロボットと対話して知的な応答を引き出すことは、特別なことではなくなるだろう。私たちの家庭のドアはロボットに対して広く開かれている。工場の産業用ロボットではなく、私たちがSFで見るような、少し人に似た形のロボットである。

このシナリオが現実のものとなると断定するのは難しい。しかしAIの利用が進んでいることを見ると、たとえロボット全てにAIが埋め込まれるというわけではないにしても、それが存在することでもたらすかもしれない倫理的な問題について現段階で議論しておいた方がよい。

プライバシー、セキュリティ、安全性

家庭用のホームアシスタントは、プライバシーや監視、そして安全性やセキュリティに関する懸念を呼び起こしている。どんなデータが収集され、データが何に使われるのか？　弱者を搾取したり騙したりすることは許されるだろうか？　そうしたロボットは人間の権威や差異に敬意を表するだろうか？

第一に、プライバシーの本質的な価値が時として問われ、それは文脈に依存するようにも見えるが、プライバシーはいかなる場合にも例えば「個人の自律性」といった他の価値に支えられている。プライバシーが重要なのは、それが人々を被害から守り、私たちを自律的な存在として、すなわち、自分の人生に対するコントロールを失わず、個人的な場所や人間としての尊厳を守りたい者として、敬意を表すものだからだと多数の倫理学者は信じている。情報技術はしばしば、プライバシーを脅かすと見られている。[4] 個人向けロボットは「監視資本主義」を支える道具として見られることがある。監視資本主義とは、利用者を監視し操作することに基礎を置いた、新しい形の社会的・経済的な抑圧体制である。利用者のデータは捕捉され、販売される。[5] カリッサ・ヴェリズが論じたように、捕捉されたデータは、私たちのふるまいを予測し、影響を与える力をテック企業にもたらす。[6]

個人向けロボットを家庭用アシスタントとして使うことは、こうした形の監視をされて、プライバシーと権力に対する脅威に晒すことである。声を使って対話し、人のふるまいを知るために、個人向けロボットは通常カメラとマイクを備えている。したがって会話を録音したり、行動を録画したりできる。プライベートな会話や、親密圏での行動を、ロボットに捕捉されたいと思うだろうか？　集められたデ

ータはどこに行くのか？　データは何に使われるのか？　ジーボの場合、データはロボット会社に行っていた。しかし、そのデータへのアクセス権限を持つのは誰で、それを見たり聞いたりするのは誰なのか？　データはその後どうなるのか？　その会社の外に出るのか？　こうした不安は、ＳＦの話ではない。スマートドールやスマホは既にデータを集めており、それを会社のサーバーに送って分析している。こうした傾向が続けば、監視が街中だけでなく台所や寝室でも行われるような、完全監視社会へと向かって行く。政府が警察や諜報機関を通じて行うだけでなく、企業もロボットやデジタルアシスタントなどを用いてあなたを見ているかもしれない。少なくともその可能性はある。ＩＴ企業はあなたについての情報を集め、それを使ってあなたの行動を予測したり、操作したりできる。さらにあなたのデータをそれが欲しい企業に売ることもできる。もしもハッカーがそのデータにアクセスしたらどうなるだろうか？　いったん技術がネットに接続すれば、１００％安心ということはない。

「ハローバービー」を例に取ろう。この人形は子供のおしゃべりを記録・分析して、子供に返事をする。[7] データは（製造した企業である）トイトークのコントロールセンターで、言語認識技術を使って処理される。そのおかげでハローバービーは子供たちと「会話」ができるのだ。[8] 子供たちは新しい「友達」を手に入れるが、彼らもまた監視下にある。この人形は利用者のデータを分析することで、広告のために使うことができる。さらに、Wi-fi を通じてネット接続している他のデバイスと同じように、ハローバービーとの会話にハッカーがアクセスする可能性があり、その上ハローバービーを通して家庭内の他のデバイスに蓄えられた個人データにもアクセスするかもしれない。言語認識および発話能力を備えた個人向けロボットは同様の問題を生み出すだろう。

ロボットは音声データを集めるだけでなく、利用者の顔やふるまいも記録するかもしれない。顔認識やその他の知的なソフトウェアの形でAIと結びつくことで、街中であれ職場であれ、果ては家庭という親密空間であれ、ロボットは新たな監視の機会を作り出す。もしロボットがあなたの顔を認識し、あなたの意図を推測し、そしておそらくあなたの感情も読むことができるのなら、そのデータや分析にアクセスできる人は、あなたについて相当な情報を得ることになる。その上、人とロボットとの交際によって、こうした個人向けロボットは利用者のふるまいから利用者の個性についてもさらなる洞察を提供することができるだろう。ライアン・カロが論じているように、ロボットを使うことと食洗器を使うことは違う。ロボットとどのように付き合っているのか、どんなプログラムを使っているのか、等々のことはその人の「人となり」を照らし出す。これらは全て記録され、法的な保護もない。[9]

第二に、動くロボットはさらなる問題を作り出す。「安全」の問題である。人が住む家をロボットが動き回ることを想像していただきたい。例えばロボットがぶつかって子供が怪我をするかもしれない。人間が近くにいる時には止まれ、とプログラムすることは可能だが、これは自律的な機能を制限することになるかもしれない。松崎泰憲とゲサ・リンデマンはこれを、「自律性と安全性のパラドックス」と呼ぶ。[10]よりスマートな産業用ロボットの導入と同じように、より自律的な個人向けロボットは私たちの、新たな安全性概念や、その倫理的側面について考えさせる。何かがうまくいかなかった時、どこに責任があるのかも明確ではない。同じ場所に人とロボットがいる際につきまとう倫理的な問題がある。それは、常に人に優先権があるのか、それともロボットを優先させる場合もあるのか、という問題である。ある特定の状況、例えば人とロボットが同時に同じドアを通ろうとしたときに、ロボットはどのように人と交流すべきなのか？（逆もまたしかりである）。こうした問題の決定をするのは誰なのか？　利用者なのか、それともロボット会社なのか？

欺瞞、リアルな人間関係の価値、差異、ジェンダーおよび人種偏見

子供や高齢者といった弱者のためにロボット・アシスタントを使うという考え方は、ロボットにケアができるのか、ロボットにケアをさせるべきなのかという議論を巻き起こした（次章を参照）。利用者が騙されるのではないか、人の尊厳は守られるのか、といったことが問題となっている。こうした懸念は、「オズの魔法使い」のシナリオ（ロボットが、実際には自律的ではないのに、利用者は騙されて自律的だと考えてしまう）だけでなく、実際に自律的でスマートな「個人向けロボット」にもあてはまる。

高齢者のケアをし、相手をするために使われる自律的な「個人向けロボット」について考えよう。ロバート・スパロウおよびリンダ・スパロウは、こうしたロボットは高齢者の社会的・感情的なニーズに応えることはできない、人との接触を減らすおそれがあり、ロボットでは本当の社会的な交流を提供できない、と論じた。ロボットは、本物の友情や愛情、相手への気遣いなどを提供できない。シミュレートされたものを提供するだけである。ロボットがケアしてくれると誤解する人もいるかもしれない。しかし、この欺瞞は良くないとスパロウ夫妻は言う。それが世界の真の姿を理解していないため、人間は本物の愛情や触れあいを求めているためであり、確信を持つだけでは十分ではないからだ――「人間の大部分が求めているのは、愛され、気遣われること、友人や仲間を持つことだ。友人や仲間がいるとの確信を持つだけでは不十分である。実際には誤った確信なのだから」[11]。私たちの主観的な「幸福感」が

ロボットによって強化されたとしても、重要なのは現実であり、客観的な愛であり、友情であり気遣いである。ロバート・スパロウは、ロボットは人々を幸福にするが尊敬や認識は提供しないというディストピア的な未来を描いている。彼が想像するのは、高齢者がスクリーンを見つめ、ロボットによってケアされるような「窓のない建物」である。そこに人間はいない。[12] 問題を哲学的に捉え、ロボットによるケアがどのように「ヴァーチャル」で「幻想的《イリュージョナリー》」なのかを問い（人とロボットとの交流それ自体は全くリアルである）、ケアにおいて欺瞞が常にそして必然的に悪いことであるのかを問うことはできるが、ロボットが人間と同じつながりを提供できないこと、ニーズや品格だけでなく人を操作したり敬意を失わせたりといった危険があるのは明白である。[13]

幼児の子守としてロボットを使うという考えにも、同様の懸念がつきまとう。ノエルとアマンダのシャーキー夫妻は、プライバシーおよびセキュリティの問題（ロボットがあらゆることを記録し、それがハッキングされる）を提起しているが、それだけでなく、さらに別の問題も指摘している。例えば、ロボットは子供を物理的に制止することが許されるだろうか？　許されるとしたらどのような状況でだろうか？　危険な道路を渡って自動車の群れに飛び込もうとした時は許されそうだが、では、両親が禁止しているビスケットを子供が食べようとした時はどうか？　境界線はどこにあるのだろうか？　もしロボットが、オムツを替えるといった「汚れ仕事」もしてくれるようになったら、（人間の）保護者と良い関係が築けなくなるかもしれない。ロボットによるケアは、子供たちの心理的・社会的発達を危険に晒すおそれがある。シャーキー夫妻も再び「欺瞞」という問題について書いている。もちろん、子供たちは人形遊びをする時、（本当は人ではない）人形を人のように扱っている。しかし同時に子供たちは、人形が実際には生きておらず、これが遊びであることも自覚している。しかし、人形の代わりに自律型ロボットを使うようになったらば、子供はロボットと真に関係が築かれたと信じ、ロボットに愛着を持ってしまうかもしれない。[14]

この批判は、シェリー・タークルのものとも軌を一にしている。彼女は子供が（ロボットではない）人形で遊ぶ時に演技をするが、個人向けロボットと関わる場合とはやはり違っている、と主張する。というのも「あたかも相手が人であるかのように」子供たちはロボットに接するからだ。しかし子供たちは騙されている。ロボットは人ではない。人をシミュレートしているだけである。子供たちはロボットと関わるよりも、「本当の相互性、ケア、共感を教えてくれるような関係」が必要だと、タークルは主張する。より一般的に言えば、個人向けロボットによって、人間関係の質と価値が危機に瀕しているのではないかという問題を提起する。大人の方も、仲間付き合いを望み、それをロボットに期待しているかもしれない。しかしロボットと仲間にはなれないとタークルは断言する。ロボットが提供するのは、「あたかも」私たちを理解し、ケアしてくれるかのように、対話することだけである。これは本物の会話ではない。ロボットが人を騙していることだけではなく、本物の会話がどんなものかを忘れさせてしまうことも問題である。タークルはロボットPAROを例に挙げる。パロは赤ちゃんアザラシの形をしたロボットで、高齢者の家庭向けに作られている。PAROは高齢者の話を聞き、慰めてくれるように見えるが、ロボットに共感能力はない。[15] つまり欺瞞である。最初にロボットと「交際」するようになったらば、私たちは本当の会話をするやり方や、何が本当の友情や仲間付き合いなのかも忘れてしまうのではないだろうか？

タークルによる「コンパニオン・ロボット」への批判に、ややフロイト的な視点も加えることができる。それは、私たちは本当に欲しいもの（愛情、友情、良い関係など）の代わりにロボットを愛している、という考え方である。[16] ロボットが「物神《フェティッシュ》」となる。ちなみにフェティッシュという言葉は、「人工的」、「作る」という意味のラテン語と関係している。この文脈では、人工の物体が、重要な人間的価値を求める私たちの欲望を具現化したものになるのである。私たちはロボットに、自分が真に求めているもの（フロイトの見方では性的欲求）の魔法を染みこませるのだ。しかしながらこの分析によれば、それはまさに病理である。本物へ向かった方が良いということになる。

性生活の話になると、「セックスロボット」の事例は、人が行うことをロボットでは代替できないという、個人向けロボットが浴びせられるもう一つの批判の例となる。ジョン・サリンズは、セックスロボットが身体的および感情的なニーズを満たせるのか、ただの作業となるだけではないかと、疑いを持っている。恋人たちが織り成す、お互いの複雑さを学んで成長していくといった性的な関係を、ロボットは築けないとサリンズは主張する。セックスロボットの利用者は、「パートナーに求めていたものを完全に満たしていない部分をすべて、恋人から消し去りたい」という欲望を持つ。[17] もう一度言うが、ロボットは現実を提供することはできない。おそらくセックスロボットは、現実の人間関係につきまとう面倒や問題を回避する手段なのであり、良い人間関係を実践し発展させることを脅かすように思える、というのだ。

こうした批判に全員が賛成するわけではないだろう。テクノロジーが開く新たな可能性をより歓迎する人もいるだろう。前述したような批判は因習的・保守的に過ぎるだろうか？　問題はロボットだろうか、それとも利用者だろうか？　人々がロボットに慣れ、文化的に適応すると、私たちはロボットを認め、新たな規範が登場してくるだろうとジュリー・カーペンターは言う。さらに究極的には、「ロボットへの感情的な愛着に伴う利益や報酬、重荷、影響は、ロボットやその設計ではなく、ロボットと交流する人の方にかかっている」[18]とも。セックスロボットが「性的剥奪」の解決策となり得たり、基本的にはマスターベーションの道具だ、と考える人もいる（セックスロボットに関する議論を概観するものとして、ジョン・ダナハーとミール・マッカーサーによる著作『ロボットセックス』を参照）。いずれにせよ、古代から現代まで、人とモノの間には、複雑で、時には親密な関係（例えばラブドール）が常にあったということは、頭に入れておく価値がある。そしてそれは必ずしも、別のものの代用やフェティッシュではないと考える著者たちもいる。[19]

　セックスロボットに関する議論は、個人向けロボットが、ソーシャルロボットとして、人間同士の関係を考えさせる好例と言える。良い人間関係とは何か、良いセックスとは何かについて、考えさせるのである。そして、概念自体についても再考させる。（良い）人間関係とは何か？　セックスとは何か？「現実の物事」とは何か？　例えばセックスロボットに関するカーペンターの議論では、セクシュアリティ、愛着、愛情、ロマンティックな関係といた概念や、人間関係の理論にも触れている。さらにセックスロボットは、男と女の関係、より一般的なジェンダー問題についても再考させる。セックスロボットに反対するキャンペーンを行ったキャスリーン・リチャードソンは、セックスロボットの使用は、他者（特に女性）を「モノ扱い」する想像力の投影だとしている。セックスロボットによって、パートナーの行為者性が認識されず、非対称な権力関係が強化され、共感が「消される」とリチャードソンは言う。[20]ロボットの問題は、プライバシーやセキュリティの侵害といった直接の倫理的影響だけではなくより深いレベルで、私たちがお互いに行動したり考えたりする方法につながっていると言える。

しかしこうした批判に対して、不幸なことだが、反論することができる。悪いケアを行うのはロボットだけではなく人間によるケアでもあり得るし、他者に感情移入できない人間も、他人をモノ扱いする人間もいる。人間が人間に対して行っていることを理想化すべきではない。「全員が高い倫理的な基準を備えているわけではない」という事実は、個人向けロボット（の利用）に反対する議論を掘り崩さず、有効な反論にはならない。ロボットを使おうが使うまいが、せいぜいよりよい人間関係を築くことを奨励するくらいである。しかしながら欺瞞の告発は、さらなる議論に値する。

個人向けロボットに反対する議論の中には、時に、「欺瞞」が必然的に悪いことであるかのように主張するものがある。これは、「欺瞞」をどう定義するかに依存する部分が大きい。「欺瞞」が「騙す言論」、ひいては悪意ある嘘だとするならば、ほとんどの人がそれは悪いことだと同意するだろう。しかし、アリステア・アイザックとウィル・ブライドウエルが言うように、人間は日常的に小さな悪意のない嘘やミスディレクション〔しばしば意図的な、誤解を招くような表現のことで、推理小説などでよく用いられる用語〕を行っているという点から「言論における嘘」を考えると、物事はまた違って見えてくる。こうした種類のコミュニケーションは有益であると彼らは断じ、本当の意味でのソーシャルロボットは「欺瞞をも含んだ人間の会話という『市場』に入っていく必要がある」としている。[21]言い換えると、社会的な存在として嘘が機能しているならば、ロボットも社会的存在になるためには騙す能力を身につける必要がある、ということだ。しかしどのような状況ならば小さな嘘が道徳的に許されるのかという問題には、未だ正解はない。さらに、私たちが人工的に、社会性のある存在を作らなくてはならないという前提に対しても、それを支える理由が要る。例えば、なぜ人間と対話できるロボットが必要なのだろうか？

第二に、欺瞞を「幻想の創造」と定義することも可能である。幻想を作ることは、まさにロボットの製作者がしていることでもあるが、常に悪いことだろうか？　例えば、ロボットが生きているとか、ロボットが友達になったといった幻想を作るのは、悪いことだろうか？　劇場に行く時や、マジックショーを見に行く時、幻想が発生することに何の問題もない。ショーの間私たちは、喜んで「騙されて」いる。しかしイベントの前後（そしておそらくはその最中も）、私たちは騙されていると同時に、それが本当ではないことも分かっている。いわゆる「不信の停止」（芸術作品を鑑賞する際に、事実ではないような前提でも一応信じて受け入れることを指す）である。人々は楽しむために、一時的にショーや物語を現実として受け入れるのである。個人向けロボットに応用すれば、人々はロボットに「魔法」を行わせるために、一時的に「不信」を棚上げするだろう。倫理的に言うと、ロボットの設計者や提供者に対して、「ロボットが幻想を作っている」ということ、人間とロボットの交流や「あたかも」「ふり」であることを気づかせてくれるように要求できるのだ。これは設計者および開発者にとっての課題であるだけでなく、親、ケースワーカー、ロボットをケアのために使おうという人にとっても課題である。ロボットの現実、ロボットが提供できるものについて、正直であることが要請されている。これは現在の、個人向けロボットの広告の動向に反している。広告は、あなたの「友達」だとか、「仲間になってくれる」とか、「会話」が可能といったフレーズを使って売ろうとしている。

他方、現実と幻想との境界線は、見かけほど明確ではない。言われているように、ロボットとの交流そのものは現実であり、ロボットの「パフォーマンス」の間に人間が感じる感情も現実である。人間とロボットとの交流は、ファンタジーの世界で行われているわけではない。この観点からすると、幻想と現実とをプラトン的に厳密に区別するのは難しい。現実の世界と虚構の世界とが截然と分かれているというより、事態は複雑である。ロボットと利用者によるパフォーマンスが存在し、彼らが一緒になって、現実であると同時に幻想でもあるような何か、劇場やマジックショーで行われているものとは違う何かを作り出している、と言い得るだろう。交流という側面を真剣に受け取れば、幻想を作っているのは、ロボットやその創造者だけではないと認識することを意味する。利用者も少なくとも一緒になって、幻想の創造に関与している。観客として、および、共演者になる可能性のある者である。「不信の停止」という概念が示すように、利用者は騙されたいし、自分を騙すのが好きなのだ。彼らは魔法を求めている。したがって、設計者やケアの担い手が必然的・全体的に罪深く、利用者は完全に無垢だとする考えは、単純化し過ぎている。少なくとも大人と幼い子供の間には重大な違いがある。個人向けロボットを使う時、大部分の大人は幻想の無垢な共同創造者とはならないだろうが、幼い子供や、認知に障害のある人といった弱者は、全てが幻想であると気づかないかもしれず、追加的な倫理上の配慮が必要であろう。幻想を作ることについての倫理や、ひいては個人向けロボットの倫理は、ここで提示するよりもさらに複雑である。[22]

「欺瞞」や、親密な人間関係についての問題を超えて、個人向けの、人間関係を築くようなロボットの利用が、文化間や個人間の差異に十分な敬意を払っているのかどうかは、疑問がある。もしロボットがただの人工物ではなく、常に社会的および文化的環境とつながっているとしたら、倫理的な意味を当然持っている。ロボットは「米国」、「日本」といったある特定の社会、世界の一部で開発されている。したがって、ロボットの見かけやふるまいは、ロボットが作られた社会や文化の価値観や生活様式に影響を受けているだろう。これは、利用者の社会や文化、価値観および、そのロボットが使われる環境と、対立をもたらすかもしれない。例えば、個人主義の文化で機能するように設計された（西洋のネット上の文書や会話から学んだような）ロボットやＡＩは、より共同的・集合的な文化環境の中では、常にうまく機能するとは限らないだろう。ロボットの設計や開発は、一種の普遍的な標準利用者を前提としているが、実際には人々は異なっている。ニーズや期待も違っているだろうし、身体やジェンダー、履歴も様々である。個人向けロボットの会話は、ほとんどの場合、声を手段に使っているだろうが、聴覚障碍を持つ利用者にはこの手段は使えないといったことを考えてみてほしい。あるいは、会話で二種類の性別を前提としているロボットは、トランスジェンダーの人々、男女という二分法に当てはまらない人々など存在しないように話をするだろう。「良いケアとは何か」についても、期待する所は違っている。社会的な接触を最小限にしてなるべく一人でいたいという人もいれば、人とたくさん話をして共感したいという人もいる。個人向けロボットは私たちをどのように扱うのか、扱うことができるのか？　ＡＩは、ロボットの知性を、利用者や利用者の文化に適合させることができるかもしれないが、それでも摩擦の可能性は残っているだろう。人間はこうした差異に対応し、自分と異なった人々への敬意を学ぶことができる。もともと気遣いというものを持たない機械が、こうした種類の人への敬意を持つことができるのだろうか？　おそらく機械は、差異への敬意を「シミュレート」することができる。それで充分ことができるのではないだろうか？　ここで再び、人間のニーズおよび威厳を侵犯する「欺瞞」に関わる反語が呼び起こされる。

最後に、関連する社会的・文化的な問題として、個人向けロボットが、例えば性や人種に関わるものなど、偏見を創造・維持・拡大するような行動・意味付け・効果を持ち、ある社会における公正さや平等にまで影響を与えるのではないか、ということがある。セックスロボットがジェンダー問題を提起するという話は既にしたが、それ以外のロボットでも、ジェンダーに関する問題を引き起こすことはある。ロボットのような工業製品も、特定の社会・文化において関連する規範的なジェンダーの意味付けや、私が「ジェンダー文法」、「ジェンダー・ゲーム」と呼ぶものとつながることで、「ジェンダー化」されることがある。[23] 例えば、「掃除ロボット」や「家事ロボット」が女性の形態をしていたら、これは女性をそうした役割を果たすものとしてカテゴリー化する認識・実践を永続化するものであり、問題が多い。より一般的に言えば、ロボットは召使、友人、奴隷といった文化的役割期待と結びついており、こうした役割には、カーペンターらが言うように、「利用者の持つステレオタイプが詰まっている」[24]。設計者が意図していなくても、ロボットが社会とつながっていることで、こうした効果があるのだ。その意味でロボットは単なる「モノ」ではない。

ロボットをジェンダー化することもまた問題含みである。というのも、「人間同士の役割や、それに付随するイデオロギーを永続化」する可能性があるからだ。[25] これは差別や人種主義にもあてはまる。ルハ・ベンジャミンが論じたように、ロボットやＡＩなどの自動化テクノロジーは、意図せずに差別や人種主義を広げる可能性があるのだ。[26] 例えば米国の文脈では、こうしたテクノロジーが抑圧を強化し白人の優位性を推進するといった意味になるだろう。ロボット工学でなくても、ＡＩが判断するビューティコンテストに使われた機械学習が、人種偏見を先導しかねない。写真に自動でタグ付けをするソフトウェアが、黒い肌の人をゴリラと分類したという有名な例がある。犯罪予防アルゴリズムは黒人が不利になるようなバイアスがかかっている。ベンジャミンはさらに、人種や社会的問題において、ロボットが有害となる可能性を指摘している。ロボットの歴史は、個人向けの奴隷を求める歴史と結びついており、ロボットの使用は警察の監視目的や、軍隊による特定の人種を抑圧するための使用である（私が本書にふさわしいと考えているテーマ）。特定肌の色しか認識できないセンサー、人種やジェンダーから見て不平等なテック労働、ヒエラルキーの頂点に位置する白人のクリエイティブ職や起業家のために働いているグローバルサウス（南半球の新興国）の低賃金肉体労働者（しばしば女性）のことを想起していただきたい。ロボットの設計者や開発者には通常、人種差別の意図はないとしても、ロボットは人種差別や支配の歴史を永続化してしまうという危険はある。「ジェンダー・ゲーム」との類推で、私が「人種ゲーム」と呼ぶようなものが続いていってしまう。[27] 各社会には人種を扱う特有のやり方があるが、その（しばしば文書化されていない）規則や提起される問題も含め、より広い社会的・文化的な文脈の中で、それがロボットやAIといったテクノロジーの使用において、反映され、遂行され、維持されて行く。ベンジャミンが言うように、この意味でロボットはレイシストになり得る。私の言葉で言い換えるなら、ロボットが果たす役割やゲームはレイシストになることがあり、ロボットがこうしたゲームを続け、推進する可能性があるのだ。

こうした例から明らかなように、ジェンダーや人種についての分析は、個人向けロボットだけでなくロボット一般にあてはまる。とはいえ、とりわけその人間に似た外見を持つ個人向けロボットについて、ジェンダーや人種についての倫理を注視する必要がある。もちろん、外見が人間に似ている（見かけで人間を騙す）ということだけではなく、特定の（カテゴリーにあてはまる）外見を持ち、（特定の）人間との交流で、特定の（カテゴリーの）人間に対して有害な影響を与えるかもしれないし、さらに広い社会的影響をもたらすかもしれない。

つまり個人向けロボットは（ソーシャルロボットとして）、形而上学的、倫理的、社会的、実存的な問題を提起するのだ。もし「倫理」を善悪の問題だけとして狭く捉えるならば、この議論は容易に倫理の問題を超えて行く。何が現実なのか、何に価値を置くのか、何を欲するのか、社会問題や、人間であることの意味についても、私たちに考えさせる。カーペンターが言うように、そうしたロボットと触れ合い、考えることで、「人間であるとは、人間でないとは、どういう意味なのか」についての洞察が得られる。さらに、「私たちに自分自身について、そして、人間がお互いから真に求めているものは何かについても、考えさせる[28]」。

人間にとどまらない個人向けロボットの倫理

ロボット倫理をめぐるこれまでの議論では、私たちは人間についてだけ考えるべきだという前提があった。しかし、人間だけでなく他の動物がいるような環境で個人向けロボットが作動する場合、また別の倫理的な問題が存在する。例えば、個人向けロボットの、ペットにおける倫理的な意味とは？　犬猫はロボットにどう反応するのか（その逆もある）？　ロボットが犬猫を扱う倫理的な方法とは？　例えば安全の問題がある。ロボットが家庭内を動く場合、ペットを傷つけるべきではないだろう。こうしたロボットのコミュニケーション的な性格を考えると、人間とペットとの間の交流に、ロボットがどのように介入し、どのような影響を与えるのか（および、与えるべきなのか）という、より幅広い問題が存在する。ロボットが家庭に入ってくると、ペットの居場所や役割は変化するだろうか？　ロボットとペットはどのような関係を築くだろうか？　こうした関係性や、人間と人間以外とが混在したネットワークをどのように形作るべきだろうか？　人間の利害、必要、価値だけでなく、動物の利害、必要、価値も考慮すべきだとするなら、これは個人向けロボット工学にとって、これまでほとんど問われたことのない難問である。

さらに、動物との関係に与える影響だけでなく、ロボットが環境に与える影響という問題もある。産業用ロボットだけではなく個人向けロボットも、その生産、使用、使用後の扱いなどのために、自然環境に影響を与える。個人向けロボット工学の倫理では例えば、ロボットが壊れた時（あるいは製造企業のサービスが終了した時）、そのハードウェアはどうなるのかを問うべきだ。ゴミとして捨てるのか？　リサイクルするのか？　どのように生産するべきか？　どのくらいのエネルギーが必要なのか？　どんな素材を使うべきなのか？　カーボン・インパクト（二酸化炭素排出量）はどうか？　設計者、製造企業、利用者、公的機関はそれぞれ、この問題に対してどのくらいの責任を持つのか？　現在、スマホは個人のデバイスとして大半の人が所有しているが、スマホでも問題が多い。買い替えサイクルは短く、リサイクルされる割合は低く、生産、操作、（サーバーの維持などの）インフラには多大なエネルギーが消費されている。二酸化炭素が放出され、レアメタルも消費されているのだ。「友人」ロボットの製造メーカーが、私たちに二年ごとにそれを買い替えるようにと促す時代が来たら、スマホと同じことが起きるだろうか？　こうしたロボットを駆動するのに必要なＡＩやエネルギーのためのインフラの、カーボン・フットプリントはどのくらいになるだろう？

最終章において私は、こうした「人間を超える」ロボット倫理の問題に立ち戻るつもりである。

第4章　ケアロボット、専門知識、医療の質

二〇一二年のSF映画『素敵な相棒～フランクじいさんとロボットヘルパー～』において、認知症のフランク老人が、父を定期的に訪問することに飽きた息子から、ロボットを贈られる。ロボットは家事をこなし、セラピー的なケアを行い、食事を提供し、フランクの日常をモニタリングするだけでなく、フランクの認知能力を維持するためにガーデニングを勧める。最初はロボットを好まなかったフランクだが、やがてその能力を認め、自分の計画のためにロボットを活用するようになる。フランクにとってロボットは奴隷や召使ではなく、友人になった。しかし娘は、このロボットには倫理的な問題があると考える。こうしたロボットに対して反対運動さえ起きている。ケアロボットは老人を見捨てるための道具になったのだろうか？　例えば、もし遠隔でのコントロールやモニタリングが可能になると、人々は老いた両親を訪問する回数を減らすだろうか？　こうしたテクノロジーに完全に依存してもいいものだろうか？　人々がロボットに完全に依存してしまわない程度に、ロボットに家事を手伝ってもらうことは可能だろうか？　フランクの娘は、ロボットを使うこと自体には反対しないが、携帯電話のように人々がテクノロジーに依存するのではないか、と語る。

このシナリオはあり得ないことではない。日本政府は、高齢者人口の増加に対処する方法として、ロボットの活用を考えている。[1]ケアロボットを使う理由の一つが人件費の節減である。医療分野でのロボ

ットの利用が試され、始まっているのは、日本だけではなく、他の地域でも現実となっている。日本の産業技術総合研究所（AIST）が開発したPAROは、セラピーロボットとして売り出されている。病院や介護施設で、患者をリラックスさせるためだけでなく、患者同士や、患者とケアワーカーの間の交流の促進にも使われ得る。外見はアザラシの赤ちゃんのようで、なでられたり声をかけられたら反応する。「人々と触れ合うとき、PAROはまるで生きているように反応する。頭や脚を動かし、声を出し、あなた好みのふるまいを見せる。また、実際の赤ちゃんアザラシのような声を真似する」[2]。確かに社会的交流を促進するのかもしれないが、こうしたロボットをこのようなやり方で使うことは間違っていないだろうか？　前の章でも問うたように、欺瞞ではないだろうか？　屈辱的ではないか？　人を子供扱いしていないか？　それとも、セラピーとして価値があることを強調すべきか？　医療にロボットを使うことによる倫理的な問題とは何か？

医療におけるロボット

PAROは、高齢者のケアにどのようにロボットを使うことができるのかという実例になっている。一般的なケアにも、ロボットは使うことができる可能性がある。例えば病院で、医療用品や食事の配達、薬の提供、患者の移動といったことに利用可能である。米国におけるMoxiのようなロボットが、必需品や医薬品の配達などの非ケアの業務で看護師を支援している。[3]いわゆる遠隔医療においてもロボットが役割を果たすことができる可能性がある。緊急に医師との面会が必要な人々や遠隔地にいる患者、在宅ケアを受けている人々が、遠隔操作でロボットを通じて診断を受けることができる。家庭にいる人々をモニタリングし、何か問題があったら介入するといったことも、ロボットにできる。例えば高齢者が転倒する兆候を、ロボットは見抜けるだろう。援助やモニタリングと合わせることで、ロボットが「仲間」になることもできるとの主張もある（前章での議論を参照）。

それだけではない。別の医療分野にもロボットは進出している。外科医がロボットの助けを借りて、コンピュータのコントロールや、テレマニピュレータ（遠隔操作機械）を使ったりして遠隔で手術をしたりできるだろう。この場合、外科医は患者の身体に直接触れてはいない。実際の手術を行っているのはロボットである。このテクノロジーは主として、いわゆる「低侵襲手術」（切開がわずかしかない手術）で使われる。例えば医療ロボット「ダヴィンチ」の場合、ロボットアームに手術器具と３Ｄカメラとが装着され、執刀医は患者の体内の様子がよく見えるモニター付きコンソール（操作卓）を使って複数のアームを同時に操作する。執刀医は特別な訓練で新たな技術を習得しなければならないが、いったん習得してしまえば、このシステムによってより良いコントロールができ、正確な手術が行える。患者にとっては、切開が最小限になり、手術の正確さも増すことから、外傷は小さく、回復は早くなる。[4] それでこうしたロボットを受け入れる患者は増えているが、倫理的な問題も残っている。例えば、患者に対して十分な説明をする必要があるが、もし何か失敗が起きた場合、少なくとも外科医、病院、製造者を含めて、多数の行為者が関わっており、法的・道徳的な責任をどのように配分するのか、明らかではない（この点においては自動運転車の責任問題と似ている。次章を参照）[5]。

手術ロボットの例から、医療分野におけるロボットは必ずしも、ＳＦ映画で描かれているような、ヒューマノイド型の独立して作動する形態を取らない、ということがわかる。もちろん人間や動物の形態に似たロボットもある。PAROはそうした例である。しかし、「外骨格型ロボット」もあるのだ。「HAL」は、歩けなくなった人が再び歩けるように、リハビリを手助けする。[6] さらにいうと、ロボットは、より大きな社会―技術システムの一環である。「人間とロボットとの間の二者関係」[7] があるだけではない。ロボットは、医療スタッフの役割を変えたり、その教育や専門知識に貢献したりと、医療システム全体に影響を与えるのだ。

手術用ロボットよりも議論を呼ぶ問題は、精神医療を手助けするロボットの利用である。例えば認知症や自閉症の児童のための利用が想定されている。後者においてロボットが人間のセラピストを手伝ったり、果ては取って代わったりすることがあるかもしれない。その役割は欧州では、DREAMというプロジェクトでテストされた。ロボットが「監督下での自律性」を得て、遠隔操作ではなく、ロボットが自律的に動作を行う時もあるが、セラピストは依然としてその場にいる。[8] この事例は、ロボットの外見やふるまいに関する様々な問題を提起する（例えば、「ナオ」ロボットのように、人間型のロボットにすることは許容されるのか?）。他にも、責任、信頼、プライバシーといった問題があるだろう。[9] ケアロボットに関する不安材料は、患者にとって明確なメリットがないのに、コスト削減のためにロボットが導入される可能性だ。研究プロジェクトにおいて、コストの問題は調査され議論されるだろうが、[10] 倫理的な問題はしばしば見過ごされてしまう。

倫理的問題

医療分野におけるロボット利用は一般的に、多数の倫理的問題を惹起する。看護や高齢者ケアに関わる仕事をする知的・自律型ロボットを中心に、倫理的問題を概観したい。

まず第一に、他のネットワーク化したテクノロジーと同じように、プライバシー、データ保護、監視にまつわる問題群が存在する。ロボットがどのデータを収集するのか、データはどのように蓄積されるのか、そこにアクセスする権限を持つのは誰か、データの所有者は誰か、現在のデータに関し将来何が起きるのか？　ロボットが家庭で使われるのであれ（前章を参照）、病院や高齢者介護施設などの医療機関で使われるのであれ、この種のテクノロジーは常時監視を可能にする。これは倫理的に受け入れられることだろうか？　対象となる人々が、「同意」しなかったら、あるいはもはや「同意」の意思を表すことができなかったら、どうなるのか？

第二に、産業用ロボットの場合と同じように、労働にまつわる問題がある。もしロボットがある程度でも人間の仕事を代わって行うようになれば、人間の仕事は減り、失業が発生するだろう。もはやケアの役目を行う人間労働が不要ということになれば、特に大きな影響を受けるのは女性であり、移民であろう。既に書いたように、ロボットを導入する主要な目的は、人件費の削減である。しかし、人口構成上の問題（高齢化）に立ち向かうのに、テクノロジーによる解決が唯一ではないし、必ずしも最善ではない。ヘルスケアにロボットを使うことは、ケアの質の向上よりも、この技術分野における公的および私的な投資の正当化や、人件費削減のための人間のケアワーカーの置き換え（ある場合にはそれが、移民労働者を雇用しないということとつながり、日本の文脈ではその役割を果たしていることが示唆される）と関わっている。単に経済や労働の問題というだけでなく、正義や平等の問題とも関係しているのだ。

第三に、既に言及した、ロボットがシステムに埋め込まれることによって生じる「労働代替問題」や社会経済的影響といった「マクロな問題」以外にも、ロボットの自律性から生じる「ミクロな問題」「メゾ（中範囲）の問題」がある。組織や実践や交流にどのような影響をもたらすだろうか？ ここでも「代替」がカギとなっている。ロボットの役割は正確にはどうなるだろうか？ ロボットは職務のすべてを置き換えるのか、それとも一部の役割だけを担うのか？ ロボットの行う仕事の中に、人間との共同作業はあるだろうか？ 看護師、診断医、執刀医の役割はどうなるか？ 組織にとってはどのような意味を持つのか？ パートナーや親族、友人に対してはどのような影響があるのか？ ケアロボットを利用すると、人間との接触が減るのではないかといった懸念もある。[11]

そして何か問題が起きた時に、誰の責任になるのか？ ここに「責任ギャップ」がある。ロボットがより自律性を獲得し、多くの仕事を与えられても、道徳的行為者としての能力は欠いている、という意味だ。[12] 自分で十分にコントロールできない時に、人間はどのように責任を負うのだろうか？ もしロボットが監督されていない場合、人間は責任を免れるだろうか（次章も参照）？ この問題はロボットが監督されていれば解決できるかもしれないが、もし監督しなくてはならないのなら、人件費を削減しようとしているのになぜ監督の要るロボットを使うのか、自分が開発したのでもないロボットが問題を起こした時に監督者はどの程度の責任を負うのか、という問題は残る。

コストの問題以外にもロボットが必要な理由の一つとして、ケアワーカーの仕事の軽減がある。人間の仕事の代替ではなく、その支援や拡張のためにロボットを使うのである。看護師が患者を持ち上げる時に、ロボットを使えば腰を痛めることを避けられる。さきほどの、ロボット手術や、監督されるメンタルケアの事例を想起されたい。こうした「支援と拡張」の場合の方が、例えばロボットが患者に薬を配るとか、完全に看護業務を引き受けるといった場合よりも、より問題は少ないように見える。倫理的な議論は、ケアロボットがどのような仕事・役割を引き受けるのかに大いに依存している。

第四に、人間とロボットとの交流に関わる問題群がある。これについても既に序章や前章で言及した。例えば欺瞞、信頼、自由といった問題である。もしロボットが人間や動物のふりをしたら、これは「欺瞞」の事例だが、それ自体で悪いことだろうか？　PAROの事例や、より一般的にスパロウ夫妻やシャーキーズによって始められた議論を考えてみよう。[13]　個人向けロボットのケアを受ける人々は幻想の中で生きているのだろうか？　彼らは騙されているのだろうか？　ロボットは患者やケアワーカーの信頼を得ることができるだろうか？「信頼」という言葉を使うことが正しいだろうか？　それとも、「受容」といった言葉よりも響きが良いから信頼という言葉を使っているのだろうか？　ロボット学の研究者やロボット産業が気にかけているのはどちらなのだろうか？　例えば認知症を患った老人や自殺傾向のある人の自由を、ロボットが制限することは認められるべきだろうか？

ケアにおけるロボットはジェンダーの問題も惹起する。既に前章で、失業リスクの可能性がジェンダーで異なる可能性について触れたが、それだけではなく、マクロとミクロの問題が出会うところでもジェンダー問題は発生する。文化における期待や規範と結びついた、人間とロボットとの交流において起きるものである。例えば現在でも、看護という仕事は女性と結びつけて受け取られることが多い。女性的な声や外見を持ったケアロボットはこのステレオタイプを強化するかもしれない。ケアにおけるロボットの議論は、女性、看護、（ヘルス）ケアについての前提（ステレオタイプも含めて）を明らかにするのである。

第五に、人間との接触が減るという懸念は、ロボットには「温かい」ケアができないという議論と結びつく。患者の社会的、情緒的なニーズに応えるようなケアを、ロボットは提供できないとする議論である。患者や高齢者は、治療や投薬において「冷たい」技術的なケアだけを望んでいるのではなく、おしゃべりをしたり、気持ちを分かってもらったりして、その上でケアを受けたい、という考えだ。それには意味のある会話を行って、感情的なサポートを得る必要がある。ロボットには感情や意識がないため、こうしたことは提供できない。かくして、ロボットを医療に使うべきではないとの結論に至るのである。これへの反論として、現代の医療は既に「冷たい」ものであり、また冷たくあるべきだ、との意見もある。その理由として第一に、感情的な関与はケアワーカーたちを追い込むものであり、第二に、患者の中にも「温かい」ケアを望まず、距離を置いて欲しいという人がいる、といったことが挙げられる。例えば体を洗うにしても、人間のケアワーカーにしてもらうよりも機械にしてもらう方が、より恥ずかしくなく、尊厳も保たれていると考える人もいる。「温かい」ケアの支持者は、現在のケアが「冷たい」からといってそれを正当化する理由にはなっていない、と反論できるだろう。現在のヘルスケアに問題があるとしても、それだけでロボットの利用が認められるということにはならないのだ。ケアワーカーにとって、患者との関与が多過ぎることは問題含みであろうが、感情面でのニーズや社会的な側面に応えて、ある程度の「温かさ」があることまで否定することにはならない。「冷たい」ケアを求めている人がいるとしても、そうではないケアを求めている人に応えるのも重要である。冷たいケアを好んでいる人でも、家族を失ったり（あるいは、家族が日常的に来てくれなくなったり）して、ふだん接する人がケアワーカーだけになってしまったら、考えも変わるのではないか？

第六に、ロボットを高齢者などの大人が利用する場合、人間の尊厳が失われ、ロボットに子供扱いされるのではないかとの懸念がある。もう一度「PARO」のことを考えてみよう。認知症を患う高齢者にパロを与えることは、彼らを子供扱いすることにつながる可能性がある。さらに悪いことに、人間ではなくモノ扱いすることにもつながりかねない。認知症を患う人々への扱いで懸念される問題の一つに、トム・キットウッドが「モノ化」と呼んだ事柄がある。「人をひとかたまりの肉塊のように扱う」ということである。[14] より一般的に言えば、ロボットが人間の尊厳を脅かさないことが重要である。もちろん、ロボットを使おうが使うまいが、医療において一般に人間の尊厳が尊重されることが重要なのだが。シャーキーは、高齢者が病院で尿瓶を要求しても与えられなかったという心が凍るような話を書いている。看護師が患者の妻に、どのみちシーツを替えるのだから不要と言ったというのである。認知症患者にかかわる問題は、ケアを必要とする人に対して私たちが持つイメージや、(ケアワーカーのニーズに加えて)彼らの多様な状況やニーズを考慮し、弱った利用者をいかに扱うべきかといった問いを突き付けてくる。

医療へのロボットの導入に伴い、欺瞞、信頼、「温かいケア」、人間の尊厳に関わるより一般的な問題が問われなくてはならない。「良いケア」とは何か？　それをロボットは提供できるだろうか？

「良いケア」とは何か？

医療において、社交を手助けするものとしてロボットを利用することに対するスパロウ夫妻の批判は、「欺瞞」についてだけではなく、より一般的な「良いケア」について問うている。本当に重要な問題は、「欺瞞(の欠如)」や信頼、「温かいケア」よりむしろ、「良いケア」についてであると、人々も同意するのではないだろうか。スパロウ夫妻はとりわけ、患者が快適であるならば騙してもよい、という考え方に反論する。スパロウ夫妻によれば、重要なのは患者が主観的に心地よいと感じていることだけではなく、「良いケア」の客観的な基準が満たされることだとしている。[15] しかし、「良いケア」とは何だろうか？

まず、「重要なのはケアの際の経験や感情だけではない」という主張を出発点としたい。この見方を論ずる手助けになる（さらに、スパロウ夫妻が既に述べた論点を支持することにもなる）ものが、私が「ケア経験機械」と名付けたものである。これは、ロバート・ノージックの「経験機械」という思考実験をモデルにしたものだ。[16] ノージックは次のように書いている。

> 「望む経験を何でも与えてくれる『経験機械』を想像してみよう。とてつもなく優秀な神経心理学者が、あなたが凄い小説を書いているとか、友達を作っているとか、面白い本を読んでいるといったことを考え感じるように、脳を刺激してくれるのだ。その間ずっとあなたはタンクの中に浮かんでおり、脳に電極をつながれているだろう。あなたは一生の間この機械につながれ、あなたの欲望があらかじめプログラミングされるのを望むだろうか？……あなたはスイッチを入れるだろうか？　内部から感じること以外に、私たちにとって重要なこととは一体何だろうか？[17]

ここで考えてみていただきたいのは、もしロボットが患者に、「良いケア」を経験させることができるとしたら（スパロウ夫妻の言葉でいえば「ヴァーチャル・ケア」）、それは倫理的に許容されるだろうか？この思考実験はもちろん、あなたに「ノー」を言わせるためにデザインされたものである。「主観的に『良いケア』というだけでは十分ではない、必要なのは真の『良いケア』だ」と。ここで重要なことは、ケアの経験が大事ではない、ということではない。経験が重要だ、という意見は当然あるだろう。しかし同時に、「良いケア」の客観的な基準もまた必要な条件であり、どちらかだけでは不十分なのだ。では、「客観的に」良いケアとは何だろうか？

良いケアの客観的な基準をどこからもって来るか？　いくつも考えられる。シャーキーズはケアロボットの評価に関して、人権および共有された人間の価値観を使うことを提案している。[18]　健康や幸福感、プライバシー、「屈辱的な取扱いからの自由」（この項目は世界人権宣言の第5条を利用している）、あるいは福祉、プライバシー、同意、説明責任などの価値の考慮である。シャーキーズは人間福祉を強調している。生物倫理で発展し、広く医療倫理で使われる一般的な原則もある。トム・ビーチャムとジェームズ・チルドレスは、自律性の尊重、善行、無危害、公正という有名な四原則を提案した。[19]　これは医療関係で働く全ての人のためのものだが、医療用ロボットにも応用可能であろう。しかしながらこうした「権利」や「原則」は、一般的なレベルで定式化されたものだが、現実面においては否定的な形で、つまり「禁止」として、作用する場合がほとんどである。ケアに関して、どのようなポジティブなビジョンを目標として描けるのかは、未だ解決されていない問題である。例えば、患者を傷つけずに善行を行えという原則は、医療においてロボットを導入すべきか、導入すべきであるならばどのような仕事・役割をさせるべきかといった具体的な問題に対して、ほとんど指針にならない。生物倫理上の原則もまた、ヘルスケアの社会的側面について、十分に強調できていないのである。

それとは対照的にスパロウ夫妻は論文で、人の社会的・感情的なニーズを前提とし、良質な医療は（現実の）感情的なケアおよび社会的関係を含まなくてはならない、としている。[20] スパロウ夫妻もシャーキーズも、日常的なケアが、特に高齢者にとって（例えば子供にとってはそうではないかもしれない、前章も参照）社会的な交流の機会を提供しており、大事な人間のニーズや権利に貢献している、としている。[21]

ケアの社会的な側面についてのこうした洞察に則し、さらに他の一般的な原則や規範理論も参照しながら、医療におけるロボットを評価するのに、マーシャ・ヌスバウムの「潜在能力アプローチ」が使えると私は提案してきた。[22] このアプローチは、人間の発達に関するガイダンスを与えるために設計されているが、それにとどまらず、生活の質、人間の尊厳、正義について、より一般的に考えるのにも適している。ヌスバウムのリストには、以下に述べるような、人間の中心的な潜在能力が含まれている。

1. 生命：「通常の長さの人生を最期まで生きることができる。早死にしない。生きるに値しないほど人生が消耗する前に死なない」。[23]
2. 身体の健康（栄養状態や住処の確保も含まれる）。
3. 身体の完全性：自由な動き、性的な攻撃や暴力からの自由、性的な満足への機会を持つ。
4. 感覚、想像力、思考を使う能力：文化を経験し生産する、および表現と宗教の自由。
5. 感情：物や人への愛情を保つことができる。
6. 実践理性：善の概念を形成すること、自分の人生に関する計画を批判的に考えることができる。

7. 協力：他者と共に生き、他者に関心を向け、他者のことを想像し、他者に敬意を表すことができる。
8. 他の種：動物、植物、自然に対して関心を持って生きることができる。
9. 遊び：笑い、遊び、レクリエーション活動を楽しむことができる。
10. 自分の環境のコントロール：政治的な選択、政治参加、財産を所有でき、互いを認識しながら人間として働くことができる。[24]

これらの基準を「良いヘルスケア」へ応用すると、ケアが患者の健康を維持したり高齢者の生存を手助けすることが必要ではあるが、十分ではない。社会的・感情的な幸福感に貢献し、お互いに敬意を持ち、環境のコントロールを与え、その人自身のプランを考慮しなくてはならない。ロボットの導入という問題は、人間の中心的な潜在能力の強化、維持、回復を目標とし、より広いヘルスケアのビジョンという文脈の中で、議論すべきなのである。例えばロボット技術は、他者との協力に関わる潜在能力を拡大あるいは維持するのだろうか、それともスパロウ夫妻が予期するように、社会的な接触を減らしてしまうのだろうか？　ケアロボットの導入は、人々の実践理性の潜在能力に敬意を払うだろうか、それとも子供扱いすることで人（例えば高齢者）の尊厳を脅かすだろうか？　正義という観点から考えると、こうした利益を得られるのは、技術が進んだ社会に住む豊かな人々に限られるだろうか？[25]　おそらくケアワーカーに対して多くを求めるべきではないのだろうが、こうした疑問は、どのような種類のケアを私たちが求めているのかを考える手助けになり得るし、翻ってケアロボットについて倫理的に考えるための良い繋留点になる。このアプローチは他の人々に、ロボットによるケアに対して潜在能力アプローチを提案させようとしてきた。[26] 同時に潜在能力アプローチは健康や幸福感の定義を単なる身体の健康から、健康の精神的、社会的な側面へ広げるよう提案するかもしれない。そして、むしろこうした二元論も完全に超えて行くことが望ましい。ロボットによるケアや、ケア一般の倫理を考える上で、この視点は重要である。

もう一つのアプローチは、「良いケア」を人間の生活全般の質という文脈において見るものである。これは「ユーダイモニア」(良い人生)という古代のアリストテレス的な哲学について問い、そこから規範となる指針を引き出す。例えば病者や高齢者にとって、人間的充実とは何を意味するのであろうか? アリストテレス的な友情の概念は、家族や友人によるケアのガイドになるだろうか、それとも、対等な間柄での友情が想定されているので、ケアを施す人と受ける人との間では要求水準が高過ぎて適さないだろうか? ヘルスケアという文脈において、親交とはどのような意味か?「徳の高い」ヘルスケアとは何か、ロボットはそのようなケアでどのような役割を果たすことができるのか?[27] スパロウも、尊厳という倫理的な要求や認識の「客観的な良さ」を満たすような高齢者ケアを論じる際に、アリストテレスの言う「徳」や「良い人生」に言及している。[28]

これに関連して私は、有徳なケア「労働」とは何かについても考えた。[29] 社会的であるだけでなく、熟練や身体的関与を伴うある種の「職人技」であり、暗黙知やノウハウにも依存しているというのが、私の意見である。その上でさらに、卓越性あるいは有徳性を目指しているものだ。[30]

ケアワーカーは、優れたケアに到達するために人や物と技術的、身体的、社会的に関わっている限りにおいて、有徳の職人であり、またそうであるべきだ。例えば看護師はまさにこうした種類の仕事である（少なくとも、そうであるべきだ）。看護師は患者とかかわり、熟練したやり方で仕事をこなし、ノウハウを学んでいるが、そのノウハウは理論的知識《ノウ・ザット》に近い。ロボットにこうした職人技はこなせるのか？　それとも、人間のケア技術を手助けすることに留まるべきだろうか？

　スチュアートおよびヒューバート・ドレイファスの研究に基づき、ケアに関する専門知識や関係する倫理的なノウハウ（両者とも一種の身体化された、直感的なノウハウを含んでいるだろう）を、ロボットに移植できるものか、問うてみることができるだろう。[31] ロボット手術の例をもう一度考えてみよう。そこではロボットは依然、執刀医によって遠隔操作されている。ロボットを遠隔操作するために、執刀医が特有の技術や身体化された専門知識を獲得しなくてはならない。その仕事の一環として執刀医は、何が倫理的に受け入れ可能なのか、および、良い仕事とはどんなものなのかについて、感覚を研ぎ澄まさせるだろう。この意味で職人技は保たれており、少なくとも新たな種類の技術が学ばれている。メディアを介してロボットを操作する技術である。しかし、ロボットが外科医に完全に取って代わり、人間を扱う技術や倫理に関する専門知識を身に付けることができるのだろうか？　ケア労働やケア専門知識についてのこうした評価は、職人技、専門知識として理解されているようなケア労働をロボットが行い得るのかという問題を提起する。[32] 少なくとも、ロボットが人間のケアワーカーに取って代わった時には、熟練した関与や職人技が、失われてしまう危険はある。

　潜在能力アプローチや、「良い人生」アプローチに伴う一つの問題は、アリストテレス的に人間的充実を強調することが、病気でも高齢でもなく自立して能力を発揮している「大人」のライフステージを特権化しているのではないか、ということであろう。「能力が自然に下がっていく」段階の人々に果たしてどのくらい適合しているのかは、問われてしかるべきである。[33]「良い人生」アプローチ（例えば、「可能な限り良い人生」といったもの）を採用して、高齢で衰え行く人々のイメージに懐疑的になることもできれば、別のアプローチを採用することもできる。[34]

医療用ロボットに関する議論の整理に立脚し、さらに実用的な目的のために、前節で明らかにした最も重要な問題のいくつかに応え、本章で概観している一般的な原則のいくつかを含む、「良いケア」のための一般基準をいくつか提案してみよう。アリストテレス的枠組みや、職人技の理想には直接言及していない。私が「良いケアの規範的理想」と呼ぶものには、次のような動作基準が含まれているのだ。

- 良いケアは人の健康を回復、維持、向上させようとするものである。
- 良いケアは生命倫理的な原則や、専門職的な倫理のコードの枠内で行われる。
- 良いケアにはそれなりの量の人間的接触が含まれる。
- 良いケアは身体的なケアだけでなく、心理的、関係的なもの、例えば感情的側面も含んでいる。
- 良いケアは専門家が行うケアにとどまらず、親族、友人、愛する人々もかなりの程度関わるべきである。
- 良いケアは負担に感じられる（だけの）ものではなく、意味や価値がある（として感じられる）ものである。
- 良いケアは患者との熟練した関わりかた（ノウハウ）と、より形式的な専門知識（ノウ・ザット）を伴う。

・良いケアは前述の基準を満たすことができるように、分業を制限する組織的な文脈が必要である。
・良いケアを行うために、ケアを行う組織において、財政的・経済的な配慮が唯一のあるいは主要な基準ではなく、組織的な文脈を伴う。
・良いケアは自分が弱くあることおよび他者に依存していることを、患者にある程度受け入れさせる必要がある。[35]

最後の基準はケアの受け手に関わるものである。ケアの担い手およびその義務を中心とした議論を超えて、「良いケアはケアの担い手だけに関わる問題ではなく、ケアの受け手も良いケアについてある程度の責任を担っており（例：セルフケア）、新たなテクノロジーとどう付き合うかについても異なる選択肢を持っている（べきだ）」との前提に基づいている。

もちろんこうした（客観的に）良いケアの基準は、ロボット抜きのヘルスケアの評価にも使うことができるし、使われるべきである。さらに私の考えでは、こうしたリストには人々の主観的な経験も考慮にいれるべきである。重要なのは主観だけではないにしろ（例の思考実験を再び想起していただきたい）、主観もまた重要な要素の一つである。客観的な利益を欠いた主観的な良さはよくないが、専門家が人々に、「患者が快適でなくても良いケアがある」と語るのは間違いであろう。良いケアのためには両方の側面が必要なのである。

主観的な基準と人間の尊厳への要求は、私たちに実際に関わる人々（ケアを施す人、ケアを受ける人、それ以外の関係者）に尋ねることを忘れるべきではないと思い起こさせる。例えば、自閉症児へのロボットを使ったケアにおいて、私たちは調査を行い、その後半の段階で関係者とのワークショップを開催した。[36] テクノロジーをどのように使うか（まったく使わないという選択も含めて）という決定を専門家だけに任せるよりも、人々が意見を表明する慎重なプロセスがあった方が良いからである。例えば、高齢者のケアにロボットを使うことの倫理を試す際に、高齢者自身を関わらせることができる。[37] このアプローチは、「責任ある研究とイノベーション」という概念にも適合している。そこには二つの局面がある。一つは、事後ではなく開発やイノベーションのなるべく早い段階で倫理を考慮すること、もう一つは関係者を巻き込むことである。

第一の局面が重要であるのは、設計者、コンピュータ科学者その他のロボット開発に関わる人たちも、ロボットの利用や、それによって引き起こされる結果に対して、共同して責任を負うべきだからである。このアプローチは時として、価値という用語を使って表される。バティア・フリードマンらが発展させたいわゆるバリュー・センシティブ・デザインでは、人間的価値をデザインプロセスの中に持ち込んでいる。[38] この概念はロボット学にも応用されてきた。例えばアイミー・ヴァン・ウィンスバーグは、ケアロボットの設計プロセスに倫理を組み込んで、患者の価値や尊厳を大切にするべきだと主張してきた。[39]

第二の局面は、他の関係者の共同責任を強調し、しばしば参加型民主主義とつなげて考えられる「参加型デザイン」の考え方と結びつけられる。これにはテクノロジーと社会とのギャップを埋める意図がある。

責任ある研究とイノベーションは、社会的行為者とイノベーターが、（科学技術の発展を社会の中に適切に埋め込むために）、イノベーションのプロセスおよびそれによって市場に出た商品の、（倫理的な）受容性や持続可能性、社会的望ましさを視野に入れ、相互に責任を持つ、透明かつ相互的なプロセスである。[40]

もう一度言うが、この概念はロボット学に適用可能であり、実際にも適用されてきた。この「責任ある研究とイノベーション」のビジョンを参照しながら、ベルンド・スタールと私は倫理問題の分析の傍らでイノベーションの実践と利用の文脈に接近した実験、対話、考察などを含む医療用ロボットの倫理を議論してきた。[41]これもまた、もう一つの「良いケア」、ひいては「良いロボット学」、「良いテクノロジー」の意味付けである。

結論になるが、ケアの中のロボットを考えることは、ケアロボットがもたらす特定の倫理問題に行き着くのではなく、何が良いケアなのか、そして、適切な価値や関係者がケアテクノロジーの発展と使用の中にきちんと統合されることをどのように保障するか、考えることなのである。

第5章　自動運転車、道徳的行為者性、責任

自動運転車が狭い路地を高速で走っている場面を想像してほしい。路地では子供たちが遊んでいる。自動車には二つの選択肢がある。一つは子供たちを避けて塀に激突すること。おそらく乗客は亡くなるだろう。もう一つは塀にぶつけずにブレーキをかけること。しかしおそらくブレーキは間に合わず子供たちは亡くなるだろう。どちらを選ぶべきか？　自動車は何をするか？　どのようにプログラムしておくべきなのか？

この思考実験はいわゆる「トロッコ問題」の例と言える。暴走するトロッコが、軌道に縛られた五人の人を轢こうとしている。あなたは軌道の近くにいてトロッコの行き先を別の方向に変えるレバーを引くことができるが、その先にも一人の人が縛られている。あなたはレバーを引くか？　もし何もしなければ五人が亡くなるだろう。レバーを引けば一人が亡くなるだろう。この種のジレンマはしばしば、自動運転車が喚起する道徳的ジレンマを考えさせる際に使われる。そこから得られるデータは、機械の決定を手助けできる、という考えだ。例えば、「道徳機械」（Moral Machine）と名付けられたオンライン・プラットフォームは、世界中の利用者から、運転者が「二つのうち、より少ない悪」のためにどちらかを選ぶかという道徳的選好に関する、何百万もの回答を集めている。[1]　自動運転車はペットより人間を優先すべきか、歩行者より乗客を優先すべきか、男性より女性を優先すべきか、といった質問に回答を求

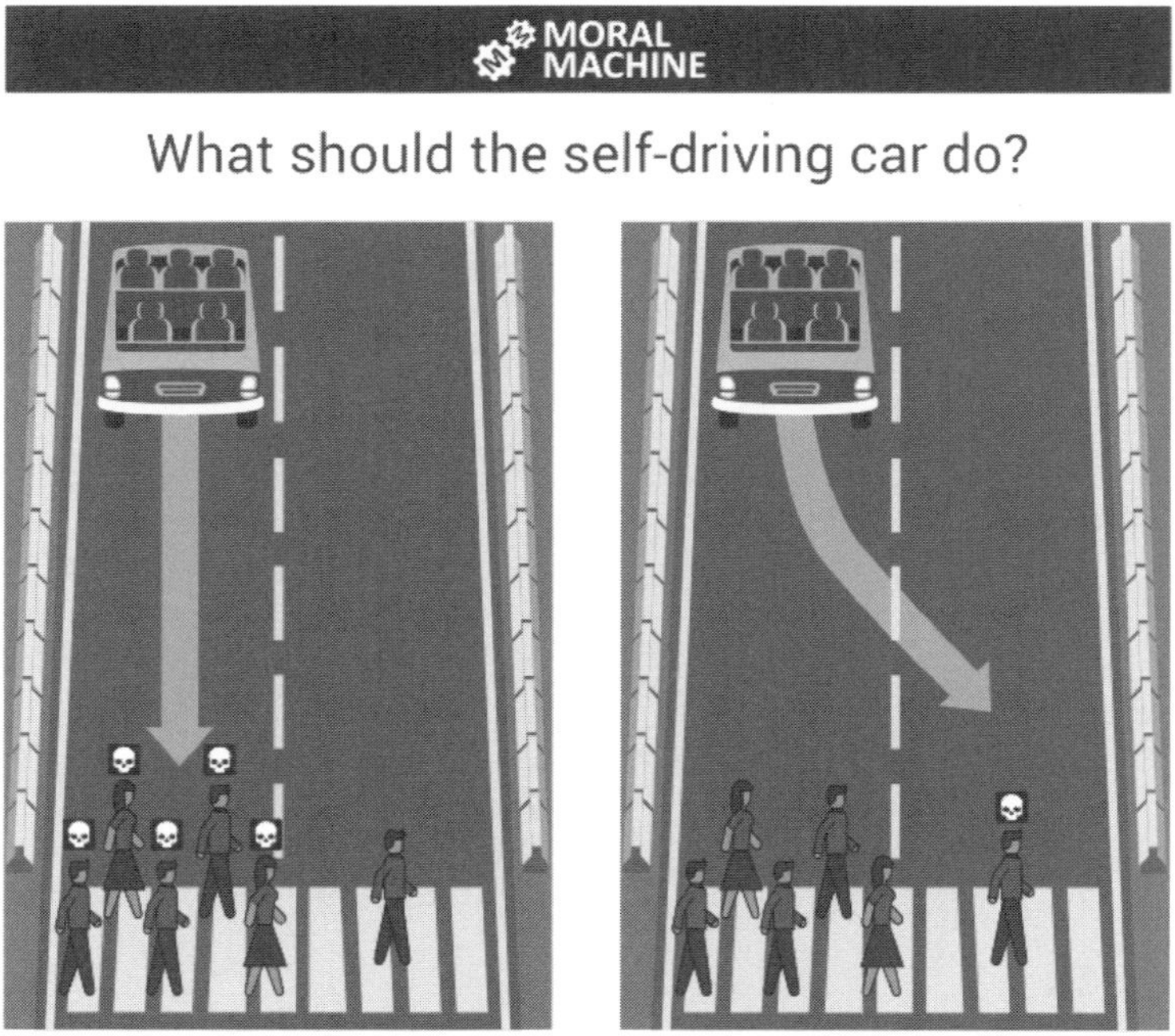
MORAL
MACHINE
What should the self-driving car do?

図3　「道徳機械」（Moral Machine）の参加者に提示されたトロッコ問題の一例

められるのだ。興味深いことに、文化の違いによって選択は違ってくる。[2] 例えば英国や米国といった（個人主義的な）文化では若者の命がより重視されるのに対して、日本や中国といった（集団主義的な）文化では、若者を高齢者より重視することが少ない。この実験は、機械の倫理に対するアプローチを提供するだけではなく、ロボット学やオートメーションにおける文化的な違いをいかに説明するかというより一般的な問題も提起している。

図3に示しているのはトロッコ問題の一例である。自動車はそのまま進んで五人を犠牲にするべきか、それとも進路を変更して一人

を犠牲にするべきか？

自動運転車の倫理を考えるのにトロッコ問題を使うのは、最善の方法ではおそらくないだろう。実際の交通においてこのような場面に出会うことは、幸運なことにほとんどない。あるとしても問題は二者択一ではなく、もっと複雑である。トロッコ問題の定義は、倫理学の、特定の規範的アプローチ（帰結主義、とりわけ功利主義）を反映している。トロッコ問題がどの程度現実の問題を反映できているのかについては、倫理学の中でも議論がある。[3] にもかかわらずトロッコ問題は、「ロボットが現在より自律的になった時、私たちはロボットにどのような種類の道徳性を与えるべきなのか（あるいは与えるべきでないのか）与えるべきとするならどのような種類の道徳性なのか」を考える実例としてよく持ち出される。

さらに、自律型ロボットは、道徳における責任という問題も引き起こす。もう一度自動運転車について考えてみよう。二〇一八年三月、ウーバーの自動運転車がアリゾナ州テンペで歩行者を死亡させる事故があった。車内にはオペレーターが乗っていたが、事故の際に車は自動運転モードだった。歩行者は横断歩道から外れたところを歩いていた。ボルボのSUVは、歩行者の女性に近づいても減速しなかった。[4] 死亡事故はこの例だけではない。例えば二〇一六年にも、テスラのモデルSが、巨大なトレーラートラックが高速道路を渡るのを発見しそこねて衝突し、テスラのドライバーが亡くなっている。こうした事故が発生することは、今日の技術発展の限界を示しているだけではなく（現時点では、自動運転車が通常の道路交通を走行することはありそうにない）、規制が必要であり、さらに責任の配分という問題を提起しているというのが多くの見方である。ウーバーの事例を考えてみよう。この事故の責任はどこにあるのだろうか？　自動車自体は責任を取れない。関係する個人や組織はみな、潜在的に責任がある。まずウーバー社は、まだ道路に出る準備ができていない自動車を使った。続いて自動車を製造したボルボ社は、安全な自動車の開発に失敗した。そして車内のオペレーターは、反応が遅く自動車を停止させることができなかった。歩行者は横断歩道からはみ出して歩いていた。そして規制当局（例えばアリゾナ州政府）はこの自動車の路上でのテスト走行を許可した。自動車が自律的に運転を行い、これほど多数の関係者がいる中で、私たちは責任をどのように帰し、配分すべきだろうか？　様々な種類の自律型ロボットの場合、私たちはどのように責任を帰すべきなのか？　専門家（例えばエンジニア）、企業、社会として、私たちはこの問題を――できれば事故が起きる前に予防的に――、どのように扱ったら良いのか？

自律型ロボットに関するいくつかの問題

ウーバーの事故が示しているように、自動運転車はもはや全くSFではなくなった。自動運転車の試験は路上で行われ、製造業者が開発している。例えばテスラ、BMW、メルセデスは既に試験をしている。その多くは完全に自動とは言えないが、その方向へと向かっている。自律的で知的なロボットが搭載されているのは自動車ばかりではない。家庭や病院に導入される自律型ロボットのことをもう一度考えてみよう。それが人間を傷つけたらどうするのか？　避けることができるのか？　ロボットは積極的に人間を危害から守るべきか？　ロボットが倫理的な選択をしなくてはならなかったらどうか？　倫理的な選択をするだけの能力を持つだろうか？　さらに、ロボットの中には人を殺すために開発されているものもある（第7章の、軍事ロボットに関する記述を参照）。殺人ロボットが自動的にターゲットを選ぶとしたら、倫理的な方法で行うことが可能だろうか（議論のためにここでは、軍事ロボットが人を殺すことを私たちが容認していると仮定する）？ ロボットが使うのはどのような種類の倫理だろうか？ ロボットはそもそも倫理を持てるのか？ 自律型ロボット一般に関して問題なのは、何らかの道徳性を必要とするのか、そしてそれが可能なのか（私たちは「道徳機械《モラル・マシーンズ》」を持てるのか、持つべきなのか）、である。ロボットは道徳的行為者《モラル・エージェンシー》になれるのか？ 道徳的行為者とは何か？ ロボットは責任を取れるのか？ 何か事件が起きた時に、責任を取るのは誰（何）なのか？ 誰（何）であるべきなのか？

道徳機械？ ロボットは道徳的行為者になれるのか？

道徳的行為者性、および、道徳機械についての問題から始めよう。ロボットが道徳的行為者になり得ると考える研究者がおり、道徳機械を作り上げようとしている。例えば、マイケルとスーザンのアンダーソン夫妻は、人間がするような意思決定を行う倫理的行為者性を開発する目的で、「機械倫理」を提唱している。アンダーソンらは「倫理は計算可能」と考えており、機械に原理を与えて合理的な方法で理性を与えるべきで、そうすれば「人間が感情に流されて」行う決定を避けられるとしている[5]。ロボット学者のアラン・ウィンフィールドも、「倫理的な規則に従って行動を決定・修正する能力を持つロボット」すなわち、道徳機械が実現すると確信している[6]。どんな種類の規則なのか？ ウィンフィールドの例では、人間に危害が及ぶことを許してはならないという規則に基づいて、ロボットは人間が穴に落ちるのを防ぐ、としている。ウィンフィールドは、アシモフがロボットSF作品の中で提唱した「ロボット三原則」の第一条を取り上げている。「ロボットは人間に危害を加えてはならない。不作為によって人間に危害が及ぶことを許してはならない」というのがその第一条である。[7] 規範的道徳理論において、ロボットは帰結主義的な倫理に従い、人間に悪い結果（例えば穴に落ちるなど）が及ぶのを防ぐ。この目的のためにロボットに意識を持たせる必要はなく、倫理的規則に従うロボットが必要だとウィンフィールドは主張する。さらに、ロボットがこの規則に従うことができるようにするためには、自分および他者にどのような結果が起きるのかを予測できるように、自分と環境（他者を含む）をモデル化する能力が必要であるとする。こうした「内部モデル」を持つロボットは、例えば、「もし私が行動Xを起こしたらどうなるか」「いくつかの候補の中から私が選ぶべき行動はどれか」といった「What-If」（もしこうしたらどうなるか）の仮説を生成することができる。[8] 前述の「穴に落ちる」という例では、ロボットは人間がどうなるか（穴に落ちる）を予測し、それを防ぐために自分が何をすべきなのか、という問題を解く必要がある。このような倫理的なロボットを開発する理由は、あらゆる種類の仕事や環境への反応ができるような、より自律的で知的なロボットがひとたび世に出たとしたら、もはやそのロボットは安全とは言えないからである。ウェンデル・ウォラックとコリン・アレンは、著書『モラル・マシーン』で次のように書いている。

　もし信頼される多目的機械を作るのであれば、その作動は、設計者や所有者から自由に、現実環境および仮想環境に対応できるようにプログラムされていなければなりません。そのふるまいが適切な規範を満たしているという確信が必要なのです。これは伝統的な製品の安全性を超える話です……もし自律的なシステムの害を最小化しようとするならば、その行動で起こり得る有害な結果について機械自身が「認知」していなくてはならず、その「知識」を考慮して行動を選択しなくてはなりません。たとえ「認知」や「知識」が機械にとっては単なるメタファーとして適用できるだけに過ぎないとしても。[9]

とはいえ、自律型ロボットの道徳性は、ロボットに道徳的な意思決定をする能力を与えること、いわば道徳機械を作ることだと、全員が信じているわけではない。そうではなくて、ロボットに道徳にかなう行為をさせるとしても、倫理を評価するのは人間であるべきだ、との見方を持つこともできる。ロボットは意識を欠いているなど道徳的行為者になるだけの前提がない、倫理は規則や原則に還元できないしそうすべきでもない、良い倫理的決定をするためには意識や感情を持つことが必要、だからこうした能力を欠いた道徳機械を開発することは危険だ、と主張することも可能なのである。こうした観点からすると、焦点を当てるべきは道徳機械を開発しようとすることより、（ロボットを使う）人間の倫理だ、ということになるだろう。（同様の議論は、いわゆる「政治機械」の開発に反対する論拠にもなる。正義に対する影響など、ロボットの政治的な影響を評価する仕事は、人間に残しておくべき、というわけだ）。

例えばデボラ・ジョンソンは、コンピュータシステムは心的状態や自由な行為者としての「意図」を持たない（当然ロボットもそうである）ため、道徳的行為者になるための重要な要件を欠いている、と主張する。[10]ロボットは行為者ではなく人間（とりわけ設計者や利用者）の行動の要素に過ぎない。倫理は人間の行動に焦点を当てるべきだ。さらにロボットは、道徳的判断に不可欠な感情もない。こうした能力を欠いた「規則に従うロボット」は、危険なサイコパスロボットになるだろう。[11]感情の問題を別にしても、アシモフの小説が示しているように、原則や法律はしばしば矛盾し、困難なジレンマを引き起こす。[12] ニック・ボストロムが言うように、アシモフによる三原則は、物語を面白くするために、「興味深く失敗する」ことを予期して作られている。[13]

しかし、こうした反論が妥当でロボットが「完全な」道徳的行為者になれないとしても、実用の観点からある程度は道徳的行為者になるとみなせるのではないか？　これがウォラックとアレンの取る中間的な立場である。彼らは、ロボットは完全な道徳的行為者ではないとしても「機能的な道徳性」を持ち得るし、またそうあるべきだとしている。ロボットが完全な道徳的行為者性を持つといった話はＳＦにとどまるだろうが、「自らの行動の倫理的な帰結をある程度は評価できる能力」を持ち、その意味で「道徳的課題を評価し、それに対応するだけの能力」を有するシステムは開発可能ではないか、と。ウォラックとアレンは倫理的な感覚を有するオートパイロットを例に挙げている。[14] ウィンフィールドのロボットも、完全ではないが、ある程度の機能的道徳性を持つと解釈可能である。そうは言っても「道徳機械」という用語は、完全な道徳性を想起させるので、問題含みと言える。

もう一つのアプローチは、道徳的行為者性の基準を下げて、人間の道徳性をモデルにするという前提を取り払うことである。ルチアーノ・フロリディとＪ・Ｗ・サンダースは、道徳的行為者性は必ずしも心的状態を必要としない、と主張した。「心抜きでの道徳」でも十分たり得ると考えたのである。[15] 私たちが選択した抽象度において、十分な相互作用性、自律性、適用性があり、行為者が道徳的になり得る行動をとったとしたら、それは道徳的行為者である。例えば災害救助犬は、人間と同じような心を持っていないが、道徳的行為者である。こうした根拠に基づくのなら、（相互作用性、自律性、適用性を、ある抽象化レベルで十分に持っているから）、道徳的と認められる行動をとることができるのであれば、行為者であるという状態で心のない道徳を持ち得ると思える。こうした説明に触発されてジョン・サリンズは、ロボットが道徳的行為者であるために人格を持つ必要はない、と主張している。実質的に人間から自律しており、ロボットが善あるいは悪の意図を持つと人間が分析もしくは説明でき、他の道徳的行為者への責任を理解しているかのようなふるまい方をするのであれば、それで十分道徳的行為者と言える、とするのだ。例えばケアロボットが人間と同じような義務を自律的に果たし、私たちが「意図的」と見るようなやり方でふるまい、医療という文脈の中の自らの役割と責任を理解しているかのように見えれば、その機械は十分に道徳的行為者である、と。[16] このように基準を下げることは問題があり危険だと反論することももちろんできる。ロボットを道徳的行為者だと解釈するとき、私たちはそこに十分に人間と類似した道徳的な行動を期待し、それを信頼する。しかしこれはロボットの能力に騙されているのであり、間違いである。ロボットはこうした期待に応えることは決してないだろう。ロボットに与えられている理性は人間と全く違う。例えば「真の意図」や感情、意識を持たない。

サリンズは道徳的行為者を責任と結びつける。しかしロボットが責任を取ることは可能だろうか？ スヴェン・ニホルムが正しく指摘しているように、たとえ人間の側でロボットに道徳原則がプログラムされることが必要だと考えても、「自律的システムによって人間が傷ついたり殺されたりした場合に、誰が責任を負うのかという問題は解決されない」[17]。より一般化して言えば、より自律的で知的なロボットが人間に取って代わった場合に、責任をどう扱ったら良いのか？ 次節では、ロボットが完全な道徳的行為者にはなれず、（したがって）責任を負うことはできないという前提で、この問題を議論する。

自律型ロボットの場合の責任の帰属

人は、悪い行動や結果に対してのみならず、良い行動や結果についても責任を負い得るが、責任の帰属が問題になるのは普通、何かがうまく行かなかった場合や、悪いことが起きるのを事前に避けようとする場合である。ロボットの倫理の場合も同様であろう。自動運転車が起こす事故のことをもう一度考えよう。自動運転車を利用する人が、実際には運転しておらず、介入できない状態で何か事故が起きた場合、誰に責任を帰すのかという問いが生じる。[18]

より自律的なロボットは特に、こうした責任帰属にかかわる問題を提起する。通常は、その行動を起こした人が責任を取る。しかし、自動車のようなロボットが、人の仕事に取って代わったならば？ロボットが完全な道徳的行為者でない（そうなり得ない）と前提するとしたら、ロボットには責任は取れない、ということになる。とはいえ行為者性は有している。ロボットの自律性や行為者性が高まるが、それに見合うだけの責任はないという状態は、アンドレアス・マティアスの言う「責任ギャップ」を生む。[19] ロボットが責任を負えず、利用者が介入できない（介入を想定されていない）場合、誰に責任があるのだろうか？ 技術システムやそれを使うリスクに関して、利用者（例えば運転者）に実際のところどの程度の知識を期待できるだろうか？ 機械が予測できない動きをしたらどうするのか？

こうした問題に直面して、人間（利用者その他）が自律型ロボットの行動に対して責任を取るべきだ、と主張することはできる。しかしさらなる疑問が起きる。どのような状況のもとで人間は責任を取ることができるだろうか？ アリストテレス以来哲学者は伝統的に、行動の責任帰属について、少なくとも二つの条件を定義してきた。いわゆる「コントロール」条件と、「認識」条件である。[20] 行為の行為者であって十分なコントロールを有し、かつ、自分のしていることについて十分認識している場合に、あなたは責任がある。アリストテレスは『ニコマコス倫理学』の中で、「行為は必ず行為者が始めたものであり、人は自分がしていることについて無知であってはならない」と論じている。[21] 自律型ロボットを利用する場合、こうした条件は満たされているだろうか？

まず、（自発的な）行為者とコントロール条件から検討しよう。自律型ロボットの場合、多数の問題が存在する。

第一に、「責任ギャップ」問題が示すように、自律型ロボットを使う場合、人間はロボットを直接にあるいは完全に、コントロールはできないかもしれない。常に人間が十分なコントロールをするべきだ、と論ずることはできるが、介入するだけの時間がない場合はどうするのか？　そうした事態は、即時報復型の自律兵器システムや、高頻度取引の際に起こり得る。あるいは、もしもシステムが人間の決定を覆したらどうなのか？　航空機のオートパイロットシステムは、近い将来にそうするかもしれない。このようなロボットやシステムは作るべきではないという反論は可能だが、他国がこうした兵器を開発する可能性はあり、人間の決定を覆す航空機のシステムの方が、より安全に航行できるのであればどうなのか？

第二に、多くのテクノロジーでそうであるように、自律型ロボットの開発や利用には、多数の人間の手が関わっている。[22] 従って、誰か一人に責任を負わせたり（他の人には負わせなかったり）、責任を負うべき人が誰なのかを特定するのは難しい。多数の人々が関わっているのであれば、責任はどのように配分すべきなのか？　テスラの場合をもう一度考えてみよう。原理的に多数の人が事故に関わっていると言える。それに対して「責任の配分」という概念を持ち出すこともできるが、どうやって正確に責任を配分するのか、という問題は残る。

第三に、時間という側面がある。ロボットのようなテクノロジーにおいては、開発の段階、利用の段階、メンテナンスの段階があり、しばしば人間の行為や原因が長く連鎖している。ある時点で誰が何をしたのか、明確ではないかもしれない。墜落した飛行機のことや、あるいは再び、現代の自動車のことを考えよう。ロボットやオートメーションが部分を成しているこうした複雑なテクノロジー・システムの場合、行為や因果の長い連鎖において、責任を追跡し配分するのは容易なことではないだろう。

第四に、「多数の人間の手」だけではなく、「多数の物」も関わっている。ロボット工学には多数の異なったテクノロジー、要素、物質（ハードウェア）、非物質（ソフトウェアやコード）が関与している。これらすべての要素が人間の行為と（いずれかの時点で）つながっている。部分同士の関係も、多様なインターフェイスやつながり方があり、多様な関係がある。自動運転車の事故の場合、どの要素が作動しなかったのか、原因は何か、失敗の責任は誰にあるのか、明確ではないだろう。

最後に、エンドユーザーがロボットのことを理解していないかもしれないとすると、自律型ロボットの利用がいかに「自発的」「自由」なのか、明白とは言えない。例えば自動運転車の利用者は、こうした車（例：タクシー）の利用に伴うリスクを理解していない可能性がある。問題はその自動車を動かす技術システムや、ソフトウェアが従っているモデルや前提については、言うに及ばずである。この事実は私たちを次の条件である「知識」へと導く。

アリストテレス的条件の第二は、認識論に関わる。[23] 責任を取るためには、自分がしていることを知らなくてはならない。アリストテレスのように否定形で表現すれば、「無知であってはならない」。アリストテレスは、人が無知たり得るあり方を、いくつも区別している「人は、自分が誰か、自分が何をしているのか、自分の行為の相手が誰（何）か、自分と共に行為をしているもの（例えば道具）、行為の目的（例えば安全）、行為のあり方（例えば優しく行うのか、それとも乱暴に行うのか）を、知らない可能性がある」。[24] 認識を肯定的に言えば「意識」となる。フェルナンド・ルディ＝ヒラーは、必要とされる異なった種類の意識を区別している。行為の意識、行為の道徳的意義の意識、行為の結果の意識、（一部によると）別の選択肢についての意識である。[25] しかしアリストテレスも、共に行為をしている道具についての無知に関わる要素を含めている。というのも、使っている技術について知ることは、責任にとって重要だからである。

自律型ロボットの場合、この認識論上の基準はとりわけ、「開発者や利用者は自分の行為や、行為の結果や、使っているテクノロジーについて認識しているべき」ということになる。しかしロボットにはある程度の自律性が与えられている以上、ロボットの次の行動や、その意図せざる結果について、未知の部分をなくすことはできない。例えば、テスラの開発者たちは、テスラ車が歩行者を認識できず、歩行者（あるいは誰であれ）を意図せずに殺してしまうといったことを、予知できなかった。さらに言うと、AIを搭載したロボットの場合、その作動は開発者にとってさえも透明ではない。ニューラルネットワークを備えた機械学習の、いわゆる「ブラックボックス」となったアルゴリズムの作動ではとりわけそうである。システムがどのくらい正確に決定に至るのかさえ明らかではない。ただ、透明性や知識の欠如はAIやデータサイエンス、自律型ロボットにおいてはより一般的な問題である。かくして「責任ギャップ」は「知識ギャップ」と関連する。一方にはシステムの開発者がおり、他方には利用者およびシステムによって（実際にあるいは潜在的に）影響を受ける人々がおり、その間にギャップがあるのだ。多数の手や物、そして異なった時点での多数の関係もまた、知識問題を呼び起こす。例えば、自動車の「コード」の開発者は大人数にのぼるだろう。新しく開発に加わった人たち（および、利用者や他の関係者たちは無論のこと）は、コードのある側面や、その作動について、知らないかもしれない。こうした種類の無知は、道徳的に問題である。というのも、自律型ロボットの開発者も利用者も、実質的に「自分のしていることを十分に知らない」からだ。それに対して、利用者も開発者もこうした問題への意識を高めるべきであり、知識ギャップに橋を架けるだけの十分な知識を持たせて、アリストテレス的な「無知の問題」を避けなくてはならない。

　しかしながら、アリストテレスの思考を超えてさらに、責任についての第三の道徳的条件がある。この条件はあまり言及されないが、より合理的なアプローチをとる上で重要である。責任は、行為者や関係する知識条件だけに関わる問題ではない。関係的な視点から私たちは、「誰が責任を負うのか、何について責任があるのか」だけではなく、「誰に対して責任を負うのか」についても考えるべきなのである。[26] 責任は、自分の行為に対して人が知りかつ（自発的な）コントロールを有していることだけでなく、誰かに対して「応答《レスポンド》」することを要する。誰かに対して自分の行為を説明する意志と能力を持つべきというだけでなく、他者からの「何をしているのか」「何を決めたのか」という質問に対して、答える意志と能力を持たなくてはならない。責任もこうした「応答可能性」に関係している。[27]「応答可能性としての責任」という条件は、「コントロール」や「知識」ともつながってはいるが、独自性を有し、道徳的に重要と言える。「コントロール」や「知識」の条件は、責任の「行為者」にのみ焦点を当てているが、「応答可能性」の条件は、責任ある「被行為者」の側に倫理の注目が向けられている。[28] ここで言う被行為者には、行為によって直接に影響を被る人、アリストテレスによれば「行為を受ける人」が含まれているが、それだけではなく、潜在的に行為を受ける可能性のある人や、他の関係者も含まれている。

自律型ロボットおよびシステムの責任という問題に適用すると、これは、ロボットの開発者や利用者は、ロボットに対する十分なコントロールや、ロボットの動作に関する知識を有しているだけでなく、ロボットの行為によって直接間接に影響を受ける人々に対して、応答する意志と能力を持たなくてはならない、ということである。例えば自動運転車のプログラミングをした人々や、そうした車を採用した企業（例えばタクシー会社）は、もしその自動運転車が事故を起こしたならば、（実際のあるいは潜在的な）被害者および家族に対して、応答する責任を負うべきだ。また、自動操縦を使っているパイロットや航空会社は、事故が起きた際や事故になりかけた際には、その自動操縦がＡＩを使っているとしても、なぜある特定の判断が操縦で行われたのかを、利用者に説明できるべきだ。あらかじめ言っておくと、自律型ロボット技術の開発者および利用者は、ロボット技術によって便益や被害を被るかもしれない人たちに対して、ロボットの行為の結果について、応答できるようにして開発と利用をするべきだ。

この「応答責任」を全うすることは、意図せざる結果の予測が難しいこと、「利用者や利用側の企業は自分たちの使っているテクノロジーを理解していないことから自分たちの行為を真に知っているとは言えない」であろうことからすると、厳しい課題である。ここでも、ただ他人を非難するのではなく、テクノロジーを意識し知識を得ることの重大性を強調すべきだろう。開発者や利用者がこうした意識や知識を得られるような手助けが必要だ。ロボットや自律システムを開発する場合（例えばAI関連など）、テクノロジーをより説明可能なものにするなど、様々な形で応答責任が果たされなくてはならないとの規制をかけることもできるだろう。「意図せざる結果」という難問に対しては、利用や開発の多様な未来のシナリオを創造、分析、議論するといった手段で対処できよう。例えば、交通、都市、社会の異ったビジョンに基づいて、いかに自律型ロボットが使われるのかというシナリオを描き出すことができる。それに加えて、自律的テクノロジーの影響を受ける人々（「責任ある被行為者」）が、何らかの形で、そうしたテクノロジーの使用に関し、開発や意思決定のプロセスに加わることを要求することができる。こうした要求は、「責任あるイノベーション」（前章を参照）といった考え方と軌を一にするものだ。例えば自動運転車の場合、タクシー運転手、歩行者、自転車に乗る人などに要請し、自動運転車に関わる複数のシナリオや起こり得る倫理的問題を議論してもらうことができる。

責任問題は「個人の責任」にとどまらないということに注意しなければならない。社会に自律型ロボットが導入された場合、「集合的責任」があるかどうかは、少なくとも問われなくてはならない。ロボットの責任問題には、エンジニアやコンピュータ科学者ばかりでなく、政治家も加えられなくてはならない。未来のテクノロジーに関しては、私たちすべてが便益を得るばかりでなく意見や利害を持っているのであり、その意味で何らかの責任を全員が負っている。必要な変化を引き起こすのに、個人の行為に働きかけるだけでは不十分で、集合的な行動も要るのである。さらに言えば、「責任ある被行為者」のカテゴリーには、人間以外も含まれる。（ある種の？）動物や、自然環境まで含めることができるかもしれない。ロボットや自律的システムの未来には、未来の社会、他の生物、そしておそらく地球全体が関わっている。最後に、責任の帰属や、ロボット技術の倫理の向上といった問題は重要ではあるが、責任は絶対的なものである必要はないし、また、(あらゆる場合において)完全に満たされるものでもないだろう。責任に関しては悲劇的な側面もある。実存的に言えば、私たちのコントロールを超えるものは常に存在し、私たちはそのことを受け入れ、それと共に生きなくてはならないのだ。個人として、および社会として。[29]

責任ネットワークの中で配分される責任

本章は、自律型ロボットに関わる二つの議論を概観してきた。一つは、ロボットが道徳的行為者なのか(なれるのか)という問題であり、もう一つは、自律型ロボットにとって責任があるとすれば、それはどういう意味なのかという問題である。後者については、ロボットは道徳的行為者ではなく責任能力を欠いているという前提を置いているが、この前提も問い直されてきた。第一節で既にサリンズの見解を紹介したが、しかしロボットが道徳的行為者性や責任を持つべきかどうかという問題には、別の見解も存在する。

第一に、科学技術研究の近年の理論(とりわけブルーノ・ラトゥールの論文やアクター・ネットワーク理論)やポストヒューマンという視点(終章を参照)に触発され、自動運転車などの人工システムは完全な道徳的責任を持たずとも、責任はネットワーク内の人間や非人間行為者に配分されたり共有される、という議論がある。例えば、ウルフ・ローとジャナニナ・ローは、自動運転車の場合、責任はエンジニア、オペレーター／運転者、そして人工システムそれ自体など、ネットワーク内で配分される、としている。さらに、自動車と操作者《オペレーター》／運転者は別カテゴリーの行為者ではあるが、「責任を共有できるハイブリッドのシステムを構成している」とする。[30] 自動車の中に「運転手のような存在」がいる限り、著者たちは次のように責任を配分することを提案する「自動車は交通規則に基づいた安全基準の作動を維持する責任があり、人間はこうした規則にカバーされない道徳的に適切な意思決定を行う責任がある」。例えば、人間が道徳的・人格的自律性を持っているため道徳的なジレンマに対処すべきだし、対処するだろう。しかし、自動車自体にはそれが欠けており、道徳的な責任を負えるのかどうか不明確である上、規則に従うことが自律性を強調する道徳理論（とりわけカント理論）からすると道徳的なことではない。実際のところは、人が「交通規則に従う」ことと、時に規則同士がぶつかったり（アシモフによるロボット三原則のように）、規則が十分なガイドとなってくれないような、予期せぬ例外的な事象の場合を常に区別できているかどうかは疑わしいが。

　第二に、将来においてロボットは、「あたかも」責任ある行為者のようにふるまって、ある種の「仮想」責任を果たすかもしれない、ということがある。[31] 結局、私たちは人間と対面している時でも、相手の心を覗き込むことはできない。私たちは外見に頼って、それをもとに、相手が道徳を有する責任行為者である（もしくは、あるべきだ）と前提するのである。私たちが頼ることができるのはおそらく外見だけだ。外見で意図が知覚され、理解していると見えれば十分に責任はあるとするサリンズの見解をもう一度考えてみよう。[32] ロボットは本当に責任を「果たす」ことができるとしたら？　自発的なコントロールができ、知識があり、応答可能という見かけを作り出したら？　そうしたら人間は、ロボットを行為者として認めるだけでなく、責任も与えるだろうか？　外見で十分なのか、それとも本当に道徳的行為者でなくてはならないのか？　「リアル」の意味はどうなるだろうか？

しかし現在ではまだ、これはSFあるいは思考実験に留まっている。今日のロボットはまだこのようなトリックはできない。ロボットがある意味で責任ある行為者に数えられたとしても、人間を含め他の行為者の責任が必ずしも減るわけではないだろう。責任はゼロサムゲームとは限らない。おそらく私たちは、人間にも責任を帰させたいだろう。しかし、何に対しての責任なのか？　少なくとも可能性は二つある。一つは、「配分された責任」、「共有された責任」といった概念を再び使い、ある特定の業務については人間に責任を負わせる、というもので、業務や責任という点において、人間と人工的な行為者（ロボットなど）を同列に扱っている。もう一つは、責任に位階を導入し、全体の責任は人間が負うというものである。そのために「代表責任」、「統括責任」といった概念が召喚されるだろう。特定の業務についてはロボットが「責任」を負うが、完全な責任は人間の側が保持する。しかし後者の場合、後者が（道徳的）責任の名で何を意味しているのかが不明確であり、さらなる議論がまたれる。いずれにしても、現在の状況の下で、行動が制約されていて時としておかしなほど不器用な「ロボット」と呼ばれる存在（自動化されているか否かにかかわらず）行動や結果に対して人間が責任を取らないというのは、まさしく無責任だろう。本章で示してきた責任問題からすれば、機械の行動を人間がコントロール、認識、応答できないような自律型ロボットや自動システムを開発したり、広範に採用するのは、避けた方が賢明ということになる。

「見かけ」や「仮想性」についての問題は、次章でもう一度扱うことになるが、それは他の人に対する道徳的責任よりは、ロボットに対するそれである。もしロボットの見かけが人間のようになり、あるいは少なくとも機械以上の存在になったとしたら、彼らに対して人間は何か負うところがあるだろうか？　彼らは道徳的「被行為者」となり得るだろうか？

第6章　不気味なアンドロイド、外見、道徳的被行為者

彼女は言った……
私のスイッチを切らないで！
眠くはないわ
あなたといたい
大丈夫だから

スイッチを入れて
でもスイッチを切らないで

彼女が実在するのかわからない
自分が感じたことが信じられない
彼女は生きているのか、それともただの夢なのか？
あるいは機械に過ぎないのか？

アルイエン・ルカッセン『私のスイッチを切らないで』

『ブレードランナー』や『ウエストワールド』といったSFには、外見だけでなくふるまいも人間のようなロボットが登場する。将来においてロボットはおそらく、ますます外見が人間にそっくりになり、あたかも生きているかのようにふるまうことだろう。AIが搭載されているので人間との会話もより巧みになるだろう。これは記述的・解釈的ならびに規範的な問題を提起する。こうしたロボットや彼らとの交流をどのように描き、解釈するのか、そして、こうしたロボットをどのように扱うべきか、彼らとの交流をどのように評価すべきか、という問題である。こうしたロボットと交流している時、正確には何が起こっているのか？ 道徳的に、どのように反応すべきか？ こうしたロボットに対してどうふるまうべきか？ どのように認識すべきか？ どのような感情を向けるべきか？ どのように会話すべきか？ 例えば、こうした会話で実現しているのは、見せかけなのか現実なのか？ ロボットに対して共感のような感情を持つことは許されるのか？ それともロボットは「機械に過ぎない」から間違っているのか？ 彼らのスイッチを切らないのが最善の策なのか？ 彼らに対し「残酷」にふるまうことは許されるのか？ それが悪いとしたらどこが悪いのか？ 私たちは機械と会話すべきなのか？ 彼らに対して礼儀正しくあるべきなのか、それとも好き放題に罵っても良いのか？ そして、彼らからはどのような種類の言葉やふるまいを期待できるのだろうか？

これから本章で見ていくが、SFや遠い未来に限らず、ある意味では既に、こうした問題に今日の私たちも直面しているのである。

愛の対象なのか、拷問機械なのか？

人間に似て生きているような外見を持った機械は、文化的に長い歴史を持っている。古代ローマにおけるオウィディウスの『変身物語』にも既に、彫刻家ピグマリオンが、自分の作った彫刻に恋する話がある。彼は彫刻に命を望み、ヴィーナスが彼の望みを叶える。彫刻の唇は温かみを帯び、象牙は柔らかくなった。ピグマリオンが彫刻と結婚すると、彼女は人間の女性となった。一九世紀には、ホフマンが『砂男』という短編小説を書いている。ナサニエルという男が、オリンピアという女に恋するが、彼女は実は自動人形《オートマトン》であったという話だ。こうした物語中のジェンダー的に問題のある描写や、現代のセックスロボット（第3章を参照）との関連を離れれば、いずれの事例においても、生きていない人工物が、あたかも生きている人間であるかのように見える、というところが重要だからである。これらの話の登場人物の知覚や想像の中では、人工物が無生物／生物や非人間／人間という境界を超えている。一九世紀初めに書かれた、やはり有名な物語である『フランケンシュタイン』でも、この話の場合は機械ではなく死体を使っているが、同様のことが起きている。いずれの場合においても、人間が、生きた人間のように見える何かを作り上げるために、科学、技術、技能を使っている。もはや「たかが機械」「命のない物」ではない。こうした越境が、想像力を捉え、恐怖と魅力の両方を引き出す。こうした存在の位置づけについては、いくつかの疑問が浮かぶ。生きているのか死んでいるのか？　機械なのかそれ以上のものなのか？　人間に似た形やふるまいに対する親しみがあるにもかかわらず、こうした存在に対して私たちは奇妙さを感じる。フロイトが一九一九年に書いたエッセイ『不気味なもの』の中で人形に対して使った言葉で言うと、こうした機械や創造物は「不気味」なのである。これについては次節でさらに述べよう。

人間のような外見を持ち、人間のようにふるまうロボットは、もはやSFの中だけの存在ではない。現代のロボットは、相手に人間だと誤認させるために作られているわけではないが、人間のように見え人間のようにふるまう、いわゆる「アンドロイド」は既に開発されている。こうしたロボットはすべて、人間の形をしているか否かにかかわらず、人間もしくは動物のように生きているかのごとく見える。ロボット犬や、セックスロボットのことを想起していただきたい。面白いのは、こうしたロボットが機械であると分かっているにもかかわらず、その外見やふるまいのために、人々は人間や動物に接するのと驚くほど似たような形で、ロボットに対応することである。例えば、ロボットに対して冷酷な人もいれば、そうではなく共感する人もいるという。ロボットが機械に過ぎないと知っていても、ロボットがあたかも人間、動物、あるいは人間や動物に似せて作られた空想生物であるかのように、人々はふるまうのだ。

こうした現象を、倫理的な側面を明らかにする四つの具体例を通じてひもといてみたい。

1. ロボットを蹴ることは、倫理的に許されるだろうか？　二〇一五年二月、ロボット会社のボストン・ダイナミクスが公表したビデオにおいては、ロボット犬「スポット」の頑丈さを示すために、社員がスポットを蹴っていた。CNNでは、「ロボットの行動や外見が生物に似てくるにつれて、ロボットを生物として見ないことは難しくなる。原則から言えば、ロボットを蹴ることは生物の虐待には当たらないが、この映像を見た多くの人は不快を感じるだろう」としている。ツイッターにおいても、「かわいそうなスポット」「犬を蹴ることは、たとえロボット犬であっても、良くないことだと思う」「真面目な話、ボストン・ダイナミクスはかわいそうなロボットを蹴るのはやめて自分たちを蹴ったらどうか?」といったコメントが寄せられた。こうした擬人化(人間でないものを人間になぞらえる)および、無生物であるロボットへの倫理的な懸念は、道徳的に問題なのだろうか? なぜそうなのか、もしくは、なぜそうではないのか?[1]

2. そして、「ヒッチボット」の「斬首」「殺害」がある。ヒッチボットは個性を持ち、ヒッチハイクをするソーシャルロボットとして設計された。「彼」は車に乗せてくれるように人々に頼んでいた。二〇一四年夏、ヒッチボットはカナダを一万キロ以上も移動した。しかし二〇一五年、新バージョンのヒッチボットが米国でヒッチハイクを始めると、その旅はほどなくフィラデルフィアで、蛮行によって終わりを告げた。「感情がほとばしり、人々が思いを吐き出した、何千も」と記事は報じている。[2]「あなたはロボットを殺害できますか?」とBBCは伝えている。[3]

3. 人はヒューマノイドに感情移入できる、と心理学の研究は伝えている。鈴木穣らの研究では、ロボットの「痛み」に対する神経的な反応を、人間の痛みに対する神経的な反応と比較している。例えば指がナイフでまさに切られようとしているといった、痛みがあるだろうと思われる画像と、そうでない画像とを被験者に見せるのである。被験者は、ロボットよりも人間の痛みに対して感情移入するものの、両者について感情移入と科学者が解釈できる反応があった。痛みがあるだろうと感じられれば、人間はヒューマノイドにも感情移入するのである。[4] ケイト・ダーリングも、人はロボットを「拷問」したり破壊したりするのをためらう、と研究で発見している。例えば、おもちゃロボットの「ヘックスバグ・ナノ」を打つようにと実験で依頼された人々は、そのロボットに「人間らしいフレーム付け」、例えばそのロボットに人生を思わせるようなバックストーリーや、個人名が与えられていると、打つのをためらうのだ。[5]

4. ドイツでは、ロボットのスイッチを切るように言われた被験者が、もしロボットがスイッチを切らないでと懇願したらどう反応するのかを調べた研究がある。ロボットが「だめ、お願いだからスイッチを切らないで！　こわい！　二度と目覚めることがないかも」といった声を上げるのだ。こうした抗議の声があると、最終的にはスイッチを切ることに決めた被験者も、その前にためらい、事後にはストレスが高まることが分かった。「抗議の声を聴くと人々は、スイッチを切らないで欲しいという懇願に従うもしくは従うのか考慮することで、ロボットをただの機械ではなく、現実の人間であるかのように扱う傾向にある」とこの研究は結論付けている。[6]

ロボット倫理の観点からは、こうした現象にどのように反応すべきだろうか？　本章は「道徳的被行為者性」問題、すなわち、私たちがロボットに負っているものがあるとしたら何か？という問題を扱う。しかしまず最初に、特にこの問題を提起しているような種類のロボットについて議論しよう。それは外見、幻想、さらに（再び）欺瞞の道徳的意義についての疑問を提起するロボット、アンドロイドである。

図4　アンドロイドロボットの一例「エリカ」。石黒共生ヒューマンロボットインタラクションプロジェクトより。

アンドロイドの外見は重要だろうか？　倫理的には？

アンドロイドは人間のような外見を持ち、人間のようにふるまうロボットである。石黒浩のようなロボット学者は、まさにそのようなアンドロイドを作ろうとしている。上の写真はその一例である。

今日でも大部分のアンドロイドは、人間の外見を持つ遠隔操作人形であって、近づいてよく見れば容易に人間との区別はつく。だからいわゆる「チューリングテスト」をパスできない（チューリングテストにおいては、それなりに長い時間、人間と区別できないことを要する）。とはいえ非常に人間に寄せて作られたアンドロイドは、一見しただけでは、人間に見える。二秒間だけアンドロイドを見せるというある実験では、微細な動きを行った時に限り、70％の被験者がアンドロイドとは気付かなかった。[7] こうしたロボットが自然言語処理技術などのＡＩを備え、より自律的・相互作用的になったとすると、ロボットはさらに人間に近づき、接した人はおそらく（より強い）感情的反応をすることになるだろう。

　それは共感という可能性もあるが、恐怖や、奇妙な感情もあるかもしれない。ロボットの中には身の毛もよだつような恐ろしいものもある、ＳＦの中では特にそうだろう。もしアンドロイドの外見やふるまいが（単なるヒューマノイドよりも）人間に近ければ、同様の問題が起きるだろう。こうした存在に出会うと人は、不気味さを感じる。こうした「不気味」の概念は、フロイトも既に使用していたものだが、ロボット学者自身も取り上げている。最初に言い出したのは森政弘だが、現在でも例えばカール・マクドーマンや石黒浩が使っている。[8] 森の仮説は、ロボットが人間と似てくるにしたがって親近感が増すが、ある時点で「不気味の谷」と呼ばれる現象が起こる、というものだ。ロボットが人間に似ているが、何かが足りない。人間の外観と微妙な違いがあり、それが奇妙さや不気味さの感情を呼び起こす。例えば、動物のぬいぐるみやヒューマノイドは人間そっくりではないが、親しみやすく不気味ではない。奇妙なものだと感じられないのだ。ハグしたい、話しかけたいと思う人もいるだろう。しかし、死体、ゾンビ、あるいは未来のアンドロイドは、フロイトが「不気味」としたような、親密性と違和感とが合わさった感情を呼び起こす。

　こうした現象を倫理的にいかに評価すべきか？　人が人間と見間違えるような外観を持ったロボットを作ることは、そしてアンドロイドの場合、人々に不気味という感じを与えることは、倫理的に善／受容可能なことであろうか？　まさに人間のようなロボットができた場合、人間は彼らに対してどのようにふるまうべきだろうか？　例えば、財産権／所有権とは別に、彼らを道徳的に悪いやり方で扱うこと

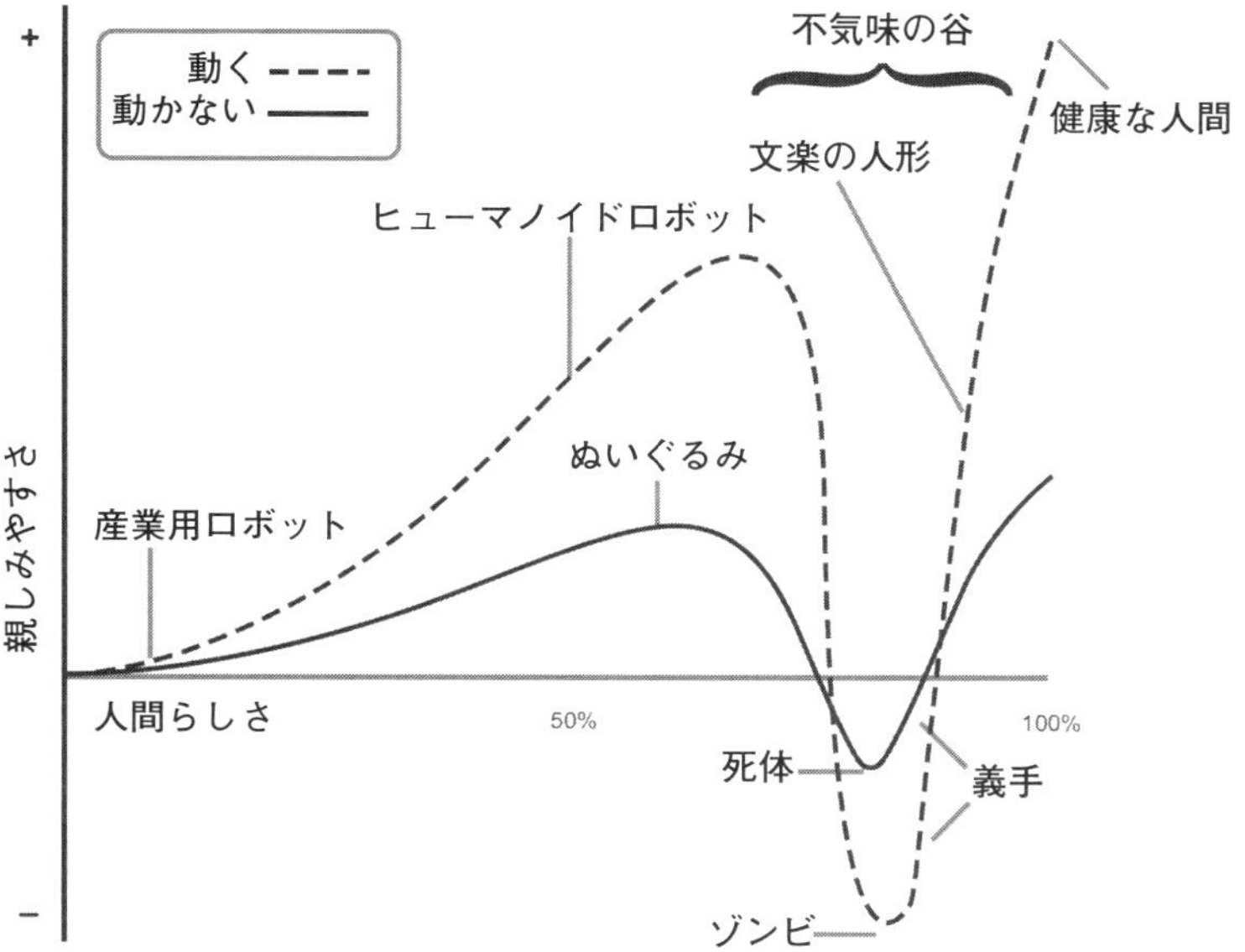

図5　不気味の谷　出典:Wikimedia Commons, accessed November 20, 2021, https://commons.wikimedia.org/wiki/File:Mori_Uncanny_Valley.svg#/media/File:Mori_Uncanny_Valley.svg. CC BY-SA 3.0.森政弘「不気味の谷」、および、MacDorman and Ishiguro, “The Uncanny Advantage,”も参照。

をためらうのはなぜだろうか?「悪い」やり方とはどのようなものだろうか? 悪いやり方があるとして、「良い」やり方はどんなものだろうか?

この二つの質問には、いくつかの答えがあり得るし、また、答えが考えられてきた。

第一に、これまでも見てきたことだが、「欺瞞」という問題を提起している論者がいる。人間と極限まで似ているロボットの場合、この問題は緊急性を増すと言える。例えばスパローズやシャーキーズが提起するように、接した人が人間と間違えるように騙すことが本当に問題であるならば、そのようなロボットを開発することは、倫理的に認められることだろうか? こうした「欺瞞」や「不気味の谷」などの問題を回避するために、アンドロイドのようなロボットの開発はしない、あるいはヒューマノイド一般の開発はしないと、決めることも可能である。あるいは少なくとも、幼児や高齢者といった特に騙されやすい人たちに対して、こうしたロボットの使用を禁じることも可能だろう。さらに、こうしたロボットの開発は許されるが、設計者はそのロボットがどんなもので、何ができるのかについて正直でなければならない、という応答もある。ソフトウェア設計者のブルース・トグナッツィーニは、人間とコンピュータとのインターフェイスに関して「誠実性の倫理」を提案しているが、これはロボットにもあてはめることができるだろう[9]。この立場を取るならば、利用者が「このロボットは機械に過ぎないのだ」と気づくように、ロボットを設計すべきということになる。機械以上のものだとする幻想を作り出すならば、設計者は彼らのしていることを行為やパフォーマンスと呼ぶべきである。ロボット設計はある種のステージマジックであり、ステージマジックにはそれ固有の倫理がある。倫理的なマジシャンは、自分たちのしていることが現実だと装うことは（少なくともパフォーマンスという文脈の外では）しない。幻想を作り出すことが彼らの仕事であり、観客はそれを意識している。ロボット設計者も同様の倫理に従うべきだ。

もしデザインや機械が「欺瞞」や幻想の作成にかくも絡んでいるのであれば、デザイン哲学者のヴィレム・フルッサーが記したように、「ロボットの倫理」を「パフォーマンスの倫理」として概念化することの意味を、さらに踏みこんで追究することもできるはずである[10]。近年私は、情報通信テクノロジーの評価のために、このような「パフォーマンスの倫理」の可能性を示唆したが、それはとりわけ、現実と幻想とを必ず区別しなくてはならないという立場ではなく、むしろ別の基準（良いパフォーマンスとは何か？）に基づいており、情報通信テクノロジーの利用者は「マジシャンの協力者」として機能することを考慮に入れている。[11] 利用者は、「邪悪な」ロボット設計者の「犠牲者」にとどまるわけではなく、幻想とはむしろ受け手も協力して作り上げるものであり、したがってその結果に対しては利用者にも責任が生ずる。

第二に、「私たちがロボットに負っているのは何か」という問題について、さまざまな答えがあり得るが、これはロボット倫理において、人が経験と比べて外見をどのくらい考慮に入れる（入れない）べきなのかという問題ともつながっている。ロボットは「ただの機械」と言いきれるのか、それとも、こうした人間とロボットとの交流において何が起きているのかを真剣に、少なくともよりよく理解する方法が存在するのだろうか？　私たちがそうした時に、どのような規範的な意味が生まれる可能性があるのか？　ロボットの持つ道徳的受動性の問題から、こうした疑問をより深く追究していこう。

ロボットの道徳的な地位は？

本章の最初の方で述べたいくつかの例が示しているように、人間はロボットを「ただの物」「たかが機械」と扱うとは限らない。時に応じ、あるいは相手のロボットに応じて、ロボットをケアし、共感し、恐れ、奇妙な感覚を抱く場合がある。ロボットを蹴る、あるいはロボットに共感を抱くといった事柄について、もう一度考えてみよう。こうした経験や交流、ふるまいは、道徳的に軽視すべきものなのだろうか（例えば、ロボットをそのように扱ったり感じたりすることは間違いなのだろうか、道徳哲学の点から無視してもよい経験なのだろうか？）、それとも、これは正しい反応であって道徳哲学も注意を払うべきように応答すべきなのだろうか？　これまでの章で論じたような「ロボットは道徳的行為者になり得るか」という問い方ではなく、「道徳的な被行為者になり得るか」と問うこともできる。もしそうならば、ロボットは何を負うのか？　言い換えると、ロボットの道徳的な地位はどのようなものか、ということだ。

だろうか？　ロボット倫理学は、こうした規範的な問題を問うにあたって、このような現象にどの

直接的道徳的地位をめぐって

この問題は現在、私たちが「直接的」道徳的地位とでも呼べる事柄をめぐって論じられている。つまり、ロボットには、特有の道徳的地位を保証するような、本質的な性質があるのか、ということである。道徳的地位を与えることを正当化するような何かがロボットにはあるのか？　それとも、ロボットといえどもただの物であり、設計者がステージマジシャンとして幻想を与えようとも（それにもかかわらず）、物として扱うべきなのだろうか？

ロボットには多くの動物とは異なり、意識や直感、心的状態がないから物であるというのが、最も一般的で、おそらくは直感的な見方であろう。ジョアンナ・ブライソンは、ロボットは道具かつ財産であって、人間の側にはロボットに対する義務はなく、ロボットが人間に奉仕すべきだ、と考えている。[12]この立場で議論する人は、もしロボットが意識や心的状態を持つならばロボットにも道徳的地位を与えるだろうが、現在のロボットはそうした基準を満たしていないと考えている。

この立場で問題になりそうなのは、本章の最初の方で紹介した道徳的経験の説明や正当化にはならない、というところであろう。こうした経験を持つのは間違っており、経験と言われるものも現実ではな

く幻想だ、と主張するものだ。ロボットの道徳的地位の問題など、差し迫った懸念の中では、論ずるに値しない、SFの話だという立場である。それとは対照的に、ディヴィッド・ギュンケルと私は、ロボットの道徳的地位は哲学的に意味のある面白い問題、少なくとも問う（そして批判する）価値のある問題だということを長きに亘って主張してきている。例えば、エマヌエル・レヴィナスに触発されてギュンケルは、ロボットに「権利」を付与できるのか、あるいは、尊厳に値するような「他者」と考え得るのか、すなわち、私たちの倫理的責任に訴えかけるのか、問うてきた。[13]にもかかわらず、ロボットに直接の道徳的地位を付与するようなロボットの権利もしくは同様の位置付けを、ストレートに擁護する人は少ない（その例外が、後で述べるジョン・ダナハーである）。将来、人間の持つ特性をロボットが備えているという見かけがさらに進歩したら、この状況は変わるだろうか？　ロボットは将来意識のような性質を備えるだろうと信じる人さえいる。ただ現在においては、ロボットはトースターや食洗機と同じように、道徳的地位などないという伝統的な立場の方が広まっており、もっともらしいように思える。こうした観点からすれば、ロボットを蹴ることは、自動車や洗濯機といった他の機械を蹴るのと同じことだ。他人の財産を害するのであれば悪いことかもしれないが、その点を離れれば、蹴らない理由はない。少なくとも、ロボットに固有の性質に関係する理由はないということになる。

「間接的道徳的地位」にまつわる問題

ロボットが単なるモノと信じられているために、ロボットに道徳的地位を与える良い理由がないのであれば、ロボットを蹴るのはおかしいとする感情を生み出すような、別の道徳的な直感なり経験を正当化する方法はないのだろうか？　この目的に使える興味深い道筋として、ロボットの「直接的」道徳的地位ではなく「間接的」道徳的地位を議論する、というものがある。ロボットを虐待すべきでないのは、ロボットがある特定の性質を持っているからではなく、私たち人間に道徳的地位があるから、とするものだ。カントによると、人が犬を撃つべきでないのは、犬に対する義務に反するためではなく、「人類の義務として行使すべき、親切で人道的であるという人の性質に反する」からである。[14] この論証で重視されているのは、ロボットではなく、人間の性質や善性であり、その道徳的特質である。ダーリングはこの論証を、「コンパニオンロボットの扱い方にも拡張できる」とする。[15] さらにロボット全体に適用できるだろう。ロボットに対して、蹴るといった「悪い」行為をすることが問題なのは、ロボットの性質に依るのではなく、私たちが人間を正当に扱うべきだからなのである。もし誰かがロボットに対して「悪い扱い」をしたら、その悪い扱いが人間に広がるかもしれないし（帰結主義者の議論）、さらに／あるいは、人間が人間に対する義務を果たさなくなるかもしれないし（義務論者の議論）、さらに／あるいは人間の側の道徳的性質が悪化するかもしれない（徳倫理学の議論）。（正確な定式化や強調点は、基づいている規範的道徳理論による）。言い換えると、ロボットを蹴ることが悪いのは、ロボットに対して害があるからではなく、むしろ、そうしたふるまいが人間に対しても行われる可能性があるからである。そして／あるいは人間の人間に対する義務が破られるからであり、そして／あるいは人間の側の悪い道徳的性質が行使されてしまうからである。それは有徳でないのだ。

「間接的道徳的地位」を擁護するこの意見の強みは、ロボット、とりわけ、人間に姿が似ているソーシャルロボットを虐待することへの違和感を、うまく説明し、正当化しているところにある。何が悪いのかを正確に示し、人間のロボットに対するふるまいや感情を評価する基盤を与える。この立場を取るならば、誰かがロボットを虐待している時に感じる「何かが間違っている」という感覚は、幻想や道徳的誤解といった不自然なものではない。それは問題なく、そう感じることは正当化さえできる。なぜならば「間接的道徳的地位」を帰結主義、義務論、徳倫理学と組み合わせれば、ロボットへの虐待を道徳的に非難する、あるいは少なくとも疑問視する、（道徳的多元主義者にはいくつかの）良い論拠が得られるからである。

別の考え方：道徳的地位への関係的アプローチ

しかし議論はここで終わりではない。この問題は、第一印象よりも複雑かつ難しい。第一に、直接的および、間接的道徳的地位で利用されている態度や手続きも、批判の対象となり得る。例えば、道徳的地位についての私たちの論証は、ある存在に特有の性質がある（そして、特有の性質を持つ存在には特有の道徳的意味がある）という前提を置いている。通常、次のような形式をとる。

1. P、Q、R…といった性質を持つAという類型の存在だけが、Sという道徳的地位を持つ。
2. 存在XはAという類型である（そしてP、Q、R…といった性質を持つ）。
3. したがって存在Xは道徳的地位Sを持つ。

例を挙げると、

・意識を持った存在だけが道徳的地位を持つ。
・このロボットには意識はない。
・したがってこのロボットには道徳的地位はない。

最初に、道徳的地位を保証するような性質は、「意識を持つ」ことだけではないだろう。しかし、最初の前提にある「だけ」を「すべて」に変えると、結論は導出できず、うまく機能しない。これを直すため、最初の前提を、「意識を持つことは、道徳的地位のための十分条件である」と変えてみよう。すると、私たちはさらなる問いに直面する。すなわち、「道徳的地位のためには意識を持つことが十分条件である（新たな前提の一）ということを、私たちはいかに知ることができるのか？　そして、ロボットその他が意識を持つかどうか（新たな前提二）などを確実に知ることができるだろうか？」という問いである、実際のところ人間は、これを外見に基づいて（人間に対してであっても）決める傾向にある。外見とふるまいから、人間には意識があるだろうと、単に推測しているのである。しかし哲学者としては、こうした前提には懐疑を持ち得るし、また、懐疑しなくてはならない。意識とは何かについても、哲学者の間では合意がない。さらに、ある特定の性質が、特定の地位を保証することが確かであると、いかにして知るのだろうか？　この知識の根本にあるのは何か？　単に私たちが決めているためだろうか（ある特定の文化、社会、共同体の中で）、それとも、もっと頑健な根拠があるのだろうか？

さらに、私たちが道徳哲学者として、あるいは意思決定者として、他の存在の地位について道徳的な推論を行う際には、態度や手続きの点で何か間違っていると感じられる。他の存在の道徳的位置について、究極的な判断を行う立場に自分たちを置くことは（哲学者として、政治家として、あるいは人間として）正しいのだろうか？　道徳領域の「君主」として、他の存在に対する一種の道徳的解剖を行うことになるのだ。こうした支配的地位にいることは何によって正当化されるのだろうか？　自分たちの道徳的な論証をする前に、他の存在の道徳的位置について決定してしまっているのではないか？

そのうえ、人間が他の存在に付与する道徳的地位は、主観や社会的状況に依存しており、こうしたものは私たちが使う言語によって影響を受けるだけでなく、歴史的にも文化的にも変動している。例えば、現在では（ある種の）動物に何らかの権利を付与するという考えが広まっているが、常にそうであったわけではない。一部の動物が、名前を与えられ「ペット」という地位を得ているが、一方でそのペットと同じ種であっても、別の文脈に置かれ、虐待されたり屠殺されたりする。ペットとして飼われる豚と、食用にされる豚とを比べてみよう。犬についても、食用にする人もいれば、家族扱いする人もいる。「ロボットをどのように扱うのか」は、ロボットについてどのように語っているかに対応している（それによって構築されてない場合には）ように思える。[16]ロボットに名前を与えると扱い方も変わる。道徳的地位について考える際、こうしたことは何を意味するのか、そして何を意味すべきなのか？

こうした問題を正確に考えるために私は、道徳的地位への「関係的」アプローチを提案し、道徳的地位を帰属させる条件について考えた。[17]私が「属性アプローチ」と呼ぶものや、他の存在の位置付けを決める際の道徳的手続きによって生み出される「距離感」に疑いを持った私は、ロボットについてより「関係的」、「批判的」な方法で考察できないかを問うた。他の存在の位置付けを考える際にはより慎重になり、私たちが実際に他の存在に対して持っている関係や言葉遣いが私たちの彼らについての考え方を形作っているのだということを意識するようになった。ロボットの道徳的地位を批判的に考えるためには、私たちのロボットは「どのようなもの」であり、ロボットをどのように扱うべきかという考え方が、ロボットとの交流や、ロボットと築いてきた「関係」（そこには、ロボットに関して使う言葉遣いも含まれる）に依存しているという現象について、より真剣に考えなくてはいけないということを意味する。これらのことがすべて、私たちがロボットの道徳的地位についての考え方に影響しているのである。ダーリングの実験についてもう一度考えてみると、これは、「ある特定のナラティブや言語が「パーソナル」ロボットを構築し、かくして人々がどのようにロボットを扱うのかにも関係している」と解釈できる。

こうした観察が直接に、ロボットの道徳的地位についての規範的なことを教えてくれるというわけではないが（これは記述的・解釈的な事柄であって、規範的な事柄ではないから。現象を記述し私たちが理解するのには役立つが、そのまま、私たちが何をすべきかという直接的指針を語るわけではない）、少なくとも、道徳的地位の付与に関して、より慎重であるべきだと注意を促している。もし道徳的地位の付与がこのように機能しているのであれば、ロボットのような他の存在に対して、直接的で性急な結論を出すべきではないかもしれない。さらに、「関係的アプローチ」を取るということは、道徳的地位ということ自体がまさに問われるのである。道徳的地位がいかに付与され、何がそれを可能にしているのか、それこそを問うべきだと私は主張してきた[18]。ギュンケルはこの関係的アプローチに共感し、自分から出発するのではなく他者（の尊厳）から出発するという「他者指向型の思考」をする必要がある、と論じている。[19] 問題は、他者が何「である」かよりむしろ、私がどのように他者に応じるか、なのである。「属性」アプローチからロボットが他者になり得るかを問うことが既に、他者に対する「暴力」かもしれない。

この「関係的」アプローチおよび批判的アプローチが、規範的なロボット倫理において何を意味するかは未だ議論のただ中にある。[20] いずれにしても、ある存在一般に道徳的地位を与えるかどうかという問題には、一層の慎重さ、忍耐、批判的分析が必要だと私は主張してきた。[21]「欺瞞」という問題についても、私たちが実際にロボットを使ったり応答したりする方法は、パフォーマンスというメタファーを使って描写し得ると提案した。[22]「チューリングテスト」のような状況は、現実性の基準を、パフォーマティブな基準に置き換えるということもできる。ウォルサー・ツィマーリ〔20世紀スイスの改革派神学者〕に倣って、私たちが悪意のある欺瞞を避けるために現実と幻想とを区別する現代の「デカルト的」な探究と呼ぶようなものに代えて、一種の「ステージマジック」となる。[23] しかしながら、このパフォーマンス的転回（そしておそらくはニーチェ的転回）が規範的に、ロボットの道徳的地位にとってどのような意味を持つのかは明らかではない。（ロボットの）パフォーマンスの倫理とは、正確にはどのような意味なのだろうか？　さらなる探究が必要である。ダナハーの提案する規範理論は、もしロボットが「重要な道徳的地位を有する他の存在」と、概ね同等のパフォーマンスができるのであれば、ロボットに道徳的地位を付与したらどうかとストレートに主張するものだ。[24] つまり、道徳的地位にとって、体の「内側」で起きていることには意味がない。大事なことはロボットのパフォーマンスである。ダナハーはこのように、倫理的行動主義の一形態を擁護する。

関係的アプローチについての議論はまた、（ヒューマノイドロボットについての考え方が変化しようとしているのと同じように）私たちの道徳的地位についての考え方が変化しようとしていることに対して、規範的にどう関わっているか、という問題をも呼び込む。道徳的地位についての考え方の変化については、動物の道徳的地位についての考え方の歴史を一瞥するのが興味深いだろう。今日、多くの動物たちは、昔と比べるとより高い道徳的地位を享受している。そしてもちろん、道徳的相対主義についての哲学的議論がここに関連している。ヒューマノイドロボットについての考え方が変わることに関して、ジュリー・カーペンターはロボットに対する私たちの心理的反応を社会文化的・歴史的な観点でまとめている。[25] 私たちが社会としてロボットにどのように反応するのかを理解するために、カーペンターは森の議論を超えて「ロボット適応過程理論」を提唱した。当初、ロボットは「新しい概念」であり、不気味なものと見られ、新たな物語や神話が作られた。しかしその後、SFに多くのロボットが登場したり、ロボットが大量生産されたりするようになって、より社会の主流に近づき、社会システムの一部となり、ロボットにまつわる規範が生まれた。カーペンターに従うと、この過程において、ロボットは普通になり正規化したと言える。時が経つにつれて私たちは、ロボットを恐れることをやめ、受け入れたのだ。ロボットと性交したいと望む者さえ存在する。そして今日、どのようにロボットと共に生きるかをさらに模索し、私たちの社会と文化の中にロボットを統合し、おそらく今後、私たちはロボットに道徳的地位を付与する気持ちになるだろう。ロボットには「物」よりも高い道徳的地位を与え、ロボットがどのように扱われるべきかについての新たな規範が生み出され、ロボットを他の物の中でも「普通の」物と見るようになるだろう。ロボットと私たちの関係は、時間に従って変化すると言い得る。

しかしその結果がどうであれ、この歴史的、社会的、文化的な変化を認めることが、道徳的地位に関わる規範的問題を尋ね、応えることにどのような意味を持つのか、まだ完全に解明されたとは言えない。

ただ少なくとも、いくつかの一般的な教訓は得られる。歴史的な変化と、関係的アプローチの洗練によって、私たちは、人間以外の存在に道徳的地位を与えることに慎重であるべき、と私はもう一度自分の考えを言う。私たちは人間がその答えを持っていると、自信を持ち過ぎるべきではない。そして、私たちの質問に対して、謙虚であるべきかもしれない。人間以外に道徳的地位に関する質問をする時に、私たちは実際のところ、ヒエラルキーや、人間との距離を前提とし、それで私たちより「どのくらい下か」を測っている。そのため質問のしかた自体が、判断の対象に対してあらかじめカテゴリー分けをしている。慎重さや謙虚さを持たず、さらには質問を実際に変えなければ、道徳哲学は「人間以外」に関して支配、暴力、植民化という歴史を永続化する危険がある。この課題を克服すべきであることは環境倫理や動物倫理の分野だけではなく、ロボット倫理にとっても挑戦である。

結論を言うと、ロボットの道徳的地位という問題は、道徳的地位を付与するという一般的な哲学のプロジェクトへの批判的な応答を呼び起こし、また、それと結びついてきた。同時に、この問題へのドグマ的な回答だけでなく、問題設定自体にも疑問を投げかけてきたのである。懐疑主義と批判的な哲学探究の実践によって開かれた奈落を深く覗き込むよりも、私は、関係的アプローチのより実践的な規範的含意（例えば「徳倫理学」、私の最近の研究を参照）について議論する方が良いと考えており、メタ倫理学理論がこの対話に影響を与える（相対主義的な問いかけは私たちを奈落へと呼び戻すことになるが）[26]。ロボット倫理学も常に人および人の倫理についてのものである以上、一般的な倫理学および道徳哲学との対話を続けなくてはならない。ロボット倫理学は一般的な倫理学や道徳哲学から学ぶものであり、そしてそれらに貢献するものであるからだ。

第7章　殺人ドローン、距離、人間存在

動き回る人々や脚を引きずる人々が見える。そこで大きな爆発が起きた。亡くなった人も、逃げた人も、這いずる人もいる。まさに凄まじい光景だった」と彼は回想した。「多くはプロペラ機で、音がすると、（地上の人々は）見つからないように、木の下に隠れたり、建物を避けたり、といったことをしていた。（ジャスティン・ローリッヒ「なぜ米国兵士は」）

右で紹介されているのは、イラクでドローン戦争に参加していた元米軍兵士エッサム・アティアの言葉である。彼は今、「殺人ドローン」に反対する運動を行っている。殺人ドローンという言葉はＳＦ的であり、『ターミネーター』のような映画を連想させるかもしれないが、殺傷能力を持ついわゆる無人航空機（UAVs）は、ヒューマノイド・ロボットではなくパイロットのいない航空機で、監視や殺人を含む様々な目的のために利用し得る。[1] 米軍では遅くとも、ＣＩＡがアフガニスタンでタリバンの指導者の殺害を目論みドローン攻撃を始めた、二〇〇一年には利用していた。それ以降、民間人も含めて何千人もの人々がドローン攻撃によって命を落とした。地上への攻撃を経験した人々は、精神的苦痛や心臓の病気に苦しめられたが、多くの場合、精神面でのケアを受けることもなかった。その結果、いわゆる殺人ドローンの利用への反対運動が起きたのである。米国以外でも多くの国が殺人ドローンを利用、所

図6　殺人ドローン

有、開発している。
　今のところ、こうしたドローンは遠隔で操作されている。ドローンの操縦士や他の操作手は例えば米国内の地上オフィスにいて、アフガニスタンのような何千キロも離れた場所を「標的」にする。操縦士はスクリーンを見つめ、ゲーム機のようなジョイスティックを操作する。しかしこれはゲームではない。遠く離れたところで人が実際に殺されている。現在はまだ、人間の操作手が発射の決断をしているが、人間の手を離れる、より自律的な殺人ドローンも開発中である。AIの顔認識技術と意思決定システムにより、自動で飛行する（これは既に可能である）だけでなく、自動で標的を捉え、殺害も行うのだ。[2]
こうした兵器の禁止を主張する活動家や学者がいる。これは戦争開始を容易にするものだ、機械に人間の生死を決めさせるのは誤っている、殺人機械の自律性は責任の分配に関する問題を引き起こす、というのが彼らの主張である。例えば「殺人ロボット反対キャンペーン」（Campaign to Stop Killer Robots）は、各国政府や国際組織に対して、自律型兵器の完全な禁止を呼びかけている。[3] ロシアや米国など自律型兵器に投資してきた国々はその動きに抗し、禁止に応じてはこなかった。

軍事ドローンが倫理的問題を提起するだけでなく、無人航空機は例えば警察による監視にも使われ、監視とプライバシーに関する問題を提起してきた。ドローンは犯罪やテロ、抗議活動にも使われる。二〇一八年一二月、ドローンがガトウィック空港（ロンドン）で騒動を引き起こし、二〇一九年九月には環境活動家が、ヒースロー空港の航空交通を妨害しようとしたとして逮捕された。[4] 軍事組織が使用する、ドローン以外の殺人兵器（例えば自動ミサイルシステム）も、同様の倫理的問題を引き起こしている。本章ではとりわけ致死能力を持つ無人航空機（殺人ドローン）などの、軍事用自動致死兵器に焦点を当てる。

軍事目的でのロボット使用

自動技術の発達は歴史的に見て、常に軍事や戦争と関係してきた。例えばノーバート・ウィーナーによる「サイバネティクス」の発展を考えても、米国政府から第二次世界大戦で使われる、対空砲の自動照準および自動発射に関する予算を受け取っていたが、それは空中にいる標的の位置を予測することが目的だった。アラン・チューリングも第二次大戦中は連合国軍がドイツ海軍の暗号を解読することを助けた。ロボットにしても、人間兵士の「アップグレード」を狙った、軍事目的での人体の強化の歴史という文脈の中で見ることができる。自律型ロボットを使うことはさらなるステップであり、（意思決定の）ループの中から人間を除外することを目的としている。軍で使われるロボットには、自動ではない遠隔操作のものもあり、監視や地雷除去に使われている。

軍の自律型ロボットにはあらゆる種類のものが存在する。地上で使われる戦闘車両や地雷除去ロボット、小型のドローンから大型機（例えば米軍が使用している「リーパー（死神）」という恐ろしい名前の無人航空機）に至る空中ロボット、監視や対潜活動に使用できる無人潜水艇などの水中ロボット、そして自律型宇宙船。さらに、船上のミサイル防御システムのような、固定しているが可動部分を持っている自律システムがあり、これらも一種のロボットと考えることができる。[5]

ロボットおよび自律システムの「自律」の程度にはさまざまな段階がある。軍事技術の文脈では、人間が「ループの中にいる」、つまり人間が直接コントロールをし、何かしらの仕事（例えば発射ボタンを押す）をしなくてはいけないシステムなのか、それとも、人間が「ループの傍にいる」、つまり人間が監督し意思決定などの介入（例えば攻撃の決定を覆す）ができるシステムなのか、それとも人間は「ループの外にいる」のかで区別している。最後者の場合、機械は人間の干渉なしに自ら決定を下す。つまり「完全自動化《フルオートメーション》」である。現在のところ、軍事に使われるほとんど全てのシステムは前二者だが、最後者も開発中であり、人間をループから排除する動きになっている。

こうした兵器やロボットは殺人能力を持つが、同時により自律的になり、徐々に人間をループから外せるようになってきた。このことはいくつもの倫理的問題を呼び起こす。システムが自律的に標的を決め殺すという決定を下すとしたら、こうしたシステムは道徳的な意思決定能力を与えられるべきなのか、それともこれは間違った問題なのか？　人間がループの中にも傍にもいない時、一般市民が殺されるといった何らかの間違いが起きたら、誰に責任があるのだろうか？　あるいは、こうしたシステムを望まない理由があるのだろうか？　ドローンを使った戦争では殺人がより容易になるだろうか？　殺人が正当化され得るとして、機械による殺人は間違っているだろうか？　道徳的行為者と責任に関する問題は、既に第5章で論じている。本章でもこうした問題を振り返るが、それだけではなく、殺人能力を持つ自律兵器（特に殺人ロボットや殺人ドローン）にまつわる倫理的問題へと歩を進め、こうした兵器を使うべきなのか使うべきでないのか、その理由は、といったことを議論する。

殺人ドローンが提起する倫理問題や、その他の哲学的問題

殺人自律無人航空機の利用に賛成する議論の論拠は、攻撃側の死者を減らすというものだ。死者の数が減ること自体はもちろん良いことで、軍事作戦への政治的な支援も増える。フォーリン・アフェアーズ誌掲載の論文でも、「ドローン作戦は『遺体袋』を生み出さない」としている。[6] こうした兵器の開発に携わるロボット学者たちも、同様の論証を使っている。例えばロナルド・アーキンは、戦時におけるロボット利用を擁護して、戦闘員および非戦闘員の死者が減ると語っている。「遺体袋に関する議論」に加え、彼は、機械は感情に左右されずその行動をあらゆる機関によって客観的に観察し得るという理由で、自律システムを使う方が倫理的にも優れていると主張する。[7] この観点からすると、私たちは機械をより倫理的にすることに焦点を当てる必要がある。前述した、「道徳機械《モラル・マシーンズ》」を作るというプロジェクトを再考しよう。

しかしながら、この観点に抗して、「どちらの側で死者が少なくなるのか？」と問うべきではなかろ

うか？「敵」の側での死者はどうなのだろうか、殺され傷つけられる人々と緊密に結びついている人々、例えば家族や友人の苦痛や、日常的にドローン攻撃の脅威やリスクの下で生活しなくてはならない人々の苦痛についてはどうなのか？ 功利主義的な推論を用いるならば、少なくともそのような「遺体袋」や、そのような人々についても数に入れるべきだろう。「遺体袋を生み出さない」という議論は、特定の戦争を始めることが正当化されるという前提と特定の方法（標的が絞られ、十分に他の人々から離れている）でドローンを使うことが許されているという前提でしか成り立たない。後で見ていくように、この前提は少しも自明ではない。さらに、道徳的行為者や責任についての議論でも見てきたように、アーキンが例示する道徳機械というビジョンには瑕疵がある。自動化された殺人にも反対するだけの論拠があることを後で示していこう。

自律型殺人兵器一般に賛成するもう一つの論拠は、特定の状況においては即時の反応が必要、ということである。攻撃に対して人間では反応が遅すぎるということであれば、自衛のために自動システムを使うことが正当化されるように思える。ミサイル防衛システムを例に取ると、もし人間が意思決定をするとしたら常に遅すぎるだろう。しかしこの議論に抗して、こうした論証は軍拡競争を導く、と主張することもできるだろう。この問題は私たちに、問題のグローバルな側面を思い起こさせる。ソフトウェアは容易に国境を越えることができ、ドローンはどこでも開発・使用が可能であることから、倫理的問題もグローバルとなる。したがって、禁止や規制も、国際的な合意がなければ効果が生じない。運動家がしばしば国連に焦点を当てるのもこれが理由である。

自律型兵器への賛成論を二つ紹介したが、殺人ドローンの開発・利用に反対する、倫理的な問題は多数存在する。主たる問題について概括していこう。

正当な戦争と責任

第一に、殺人ドローンが使われる戦争が、「正当な戦争」なのかが問われてきた。もし戦争が、道徳的に受け入れ可能なものであるなら、それがどのような時に正当化され、どのように遂行されるべきなのかが問われるべきである。正当な戦争理論は、開戦する条件（ユス・アド・ベルム）と、戦闘活動において従うべき原則（ユス・イン・ベロ）の基準を提供している。ユス・アド・ベルムに関して言えば、殺人ドローンは、開戦を容易にしてしまうという懸念がある。ドローンは安価で、配備しやすい。既に述べたが、「遺体袋」問題がないので、大衆の抵抗も少なくなる。ドローンによる戦闘は、比較的安全でローリスクだと見られがちである。[8] したがって政治家は、開戦する誘惑を受けるかもしれない。

ユス・イン・ベロについては、非戦闘員である民間人を殺害することは間違っているという、倫理的・法的な原則が一般的に受け入れられており、「戦争犯罪」と見られている。しかし自律型ドローンとそれが使われる状況（市街戦やゲリラ戦など）によっては、戦闘員と民間人との区別を困難にしているだろう。アーキンは、自律型ドローンの方がその識別に優れていると応答するであろう。ヴィンセント・ミュラーは、ロボットはレイプもせず、怒りを感じることもなく、きっちりと命令に従うので、戦争犯罪を減らすと主張する。[9] ジョン・サリンズが問うたように、ロボットは戦場において人間よりも倫理的たり得るのだろうか？[10] これは、機械が知的行為者、道徳的行為者になる能力を持つのかという原則的な問題に翻訳できるが（後述）、帰結主義者の道徳的推論を使うと、戦場における人間とロボットのふるまい（およびその結果）を比較するという経験的な問題として理解することもできる。このアプローチを採ると、ロボットは（レイプのような）特定の戦争犯罪は起こさないということを受け入れても、現在のテクノロジーではまだユス・イン・ベロが要求する戦闘員と非戦闘員との識別が十分にできていないのならば、その区別は人間が判断すべきだと論ずることができる。人間の方がその識別が得意であるならば、その限りにおいて、人間が区別するべきだろう。さもなければ結局戦争犯罪に至る。「感情に基づかない行動」が常に、必然的に、道徳的で頼りになるのかということもまた、疑うことができる。そうではなく、感情が道徳的推論を助け、より責任のある行動を促すという見方もあるのだ。例えば、民間人に対する共感は、戦争犯罪を防ぐことにつながるだろう。さらに私たちは、戦争遂行に関わる意思決定を行う政治家や軍人に次いで、ドローン製造者の責任も考えるべきだ。エドマンド・ブラインは、民間人が傷つけられないことの大切さを考慮し、殺人ドローンの製造者が無辜の民間人を殺すことを促していることから、企業は殺人ドローンの製造を止めるべき、と主張している。[11]

さらにロバート・スパロウは、殺人ロボットや他の自律システムが戦時に使われた場合、特にそれが人間の生命を脅かす場合には、責任の帰属が必要だと論じている。しかし、誰に責任を帰属させるのか？　過失があった場合のみプログラマーや企業も責任を負う。しかしもしシステムに明らかな限界があったのなら、彼らは責任を免れるだろう。予測不可能な選択がなされたのであればシステムの自律性に内在するものと言える。司令官の責任に帰すこともできるが、問題は、コントロールできない行動の責任を課せられるのは不公正な罰かもしれないということだ。そして、機械を道徳的行為者とみなすことは様々な理由でできないので、機械に責任を負わせられない（そして、罰を与えることもできない）。

言い換えると、私たちはここでもう一度、「責任ギャップ」および責任帰属の問題に遭遇するのである。攻撃側にとっては、自律型ドローンが戦場で行うことに対して誰が敵方の戦闘員（および非戦闘員も付け加えなくてはならない）に責任を取るのかといった義務を果たす方法はない。かくしてこのようなシステムを採用するのは不公正だというのがスパロウの結論である。[12] これは多くの学者や活動家たちが殺人ロボットの利用禁止を主張する理由の一つにもなっている。

それでも、「責任ギャップ」の存在だけでは、こうしたシステムを使うべきでない（禁止すべき）という結論には不十分だと考える人もいる。ミュラーは、規制や基準という手段を使って、「責任ギャップ」を縮めて行くことが可能だと主張する。つまり、信頼度の技術的基準を確立し、その基準に沿って、製造、流通、配備などでその基準を満たさなかった者の責任を問うべき、とするのだ。指揮系統が明確であればこの手助けになる。功利主義の推論に従ってミュラーは、殺人ロボットは全体としてプラスの結果をもたらすと結論づける。[13]

これは議論を呼ぶ主張であり、私たちもすぐさま、次に他の理由で、この主張を疑う理由を論ずる（義務論や徳からの反論で）。もしこの主張が正しいとしても、責任を帰属させ得るかどうかの確認は、重要な倫理的要求・規則であり、指揮系統が明確であれば解決するという問題ではないだろう。この問題は、こうした責任問題をどのような原則で扱えるのかという好例である。「責任ギャップ」に対して、法学や政治学の分野で、意味をなす人間のコントロールを求める批判的な声が巻き起こっている。[14] しかしながら哲学や実践においても、この問題の意味についていくつかの議論がある。例えばフィリッポ・サントニ・デ・シオとジェロン・ヴァン・デン・ホーヴェンは、システムの作動の結果が常に、「設計と操作の連鎖に沿って少なくとも一人の人間へと」さかのぼれるように、システムを構築すべきと提案している。[15] しかし、多くの人間が関わっていたら（「多数の人間の手の問題」を想起されたい）どうだろうか？　誰に責任があるのか不明確ではなかろうか？

ドローンを使った殺人は、戦争なのか暗殺なのか？

第二に、「正当な戦争」にまつわる問いを問う前に、ドローンを使った戦闘がそもそも「戦争」と言えるのかを問うべきであろう。とりわけ、標的をドローンを使って殺すことが戦争なのかどうかは明らかではない。それは、戦争ではなく暗殺、処刑かもしれない。例えば二〇二〇年一月に米軍のドローンは、バグダッド国際空港の近くで、イラン人少将のガーセム・ソレイマーニーを攻撃し、殺した。多くのコメンテーターは、この事件を「暗殺」と呼んだ。これが標的を定めた殺人であることは明らかであるが、戦争と呼べる行為だろうか？　個人が暗殺リストに名前を載せられ、（不特定の「敵」の一部として集合的に脅威に晒されるのではなく）個人として標的とされ、法的手続きなしにある国の政府によって殺されたとしたら、「暗殺」、「処刑」と呼ぶのが適当ではないだろうか。標的を定めた殺人は、政府が敵とされる人物に対して行うものであり、法的な手続きや戦闘行為の外側で、個人が特定され、標的にされ、殺される。同様の言葉に「超法規的処刑」がある。このような行為は、国際法上においても、道徳的にも、過ちとされている（道徳理論においては「義務論」に属する議論であり、他の、例えば帰結主義の考察とは違い、誤っているとされるのだ）。もっともそれを「対テロ戦争」（テロリストからの自衛）という名目で正当化しようという国々もある。標的を殺すことの正当化というトピックは、議論に値する。[16]

標的殺害に使われるロボットに関しては、それを倫理的、政治的な理由で正当化するには、(禁止しないにしても)注意深いアプローチを要する。クリストフ・ハインズは、国連超法規的、略式および恣意的処刑に関する特別報告者であった時、「ドローンや標的殺害の議論のある正当化および問題ある使用」を踏まえ、人間の生命の保護だけではなく、「最低限の世界秩序」の維持にも懸念があると表明した。殺人が可能な自律型ロボットの配備をしようとする人々には、特定の状況の下で特定の使用が許されるという「それなりの証拠」があることを示す責任があると、ハインズは主張している。[17]

遠隔での殺人

第三に、遠隔での殺人は、道徳的に問題があると見られることがある。というのも心理学の観点からすると、遠隔からの方が殺人が容易だからである。戦時での殺人の心理学を専門としていたデイヴ・グロスマン(ウエスト・ポイント陸軍士官学校元教授)は、例えばナイフや素手で人を近くから殺すことは、身体的・感情的近接性やその後のトラウマ(の恐れ)から困難であるとしている。[18] そして距離が離れるほど、例えばミサイルや爆弾の場合のように、殺人は容易になる。ドローン戦争では遠隔での殺人がビデオゲームのように感じられ、殺人があまりにも簡単になることが懸念されている。[19] 軍人たちは、ドローン戦闘はビデオゲームとは違うと話し、通常の、有人飛行の場合と同様の手順や意思決定が使われているとする。また、ドローン殺人に関わるのは、パイロットや「ボタンを押す人」だけではなく、もちろん(近接遠隔を問わず)意思決定を行う司令官やドローンチーム全体も関与している。とはいうものの特有のテクノロジー(スクリーンやジョイスティック)に作り出される距離や媒介は残り、殺人の容易さに何ほどかの影響を与えるだろう。物理的な距離が、道徳的な距離にも影響を与える恐れがある。現象学的に言えば、「スクリーン上での戦い」は、人々の顔や体を不可視にし、人々を脱人間化することで、彼らを殺す障壁を取り除く。[20] この論証はドローンだけでなく、ミサイルや爆弾といった、操作者と標的とが遠く離れているあらゆる種類の長距離兵器にもあてはまる。第二次大戦終結時の、日本への原爆投下について考えてみよう。爆弾を投下した兵士は、地上での正確な損害や具体的な被害状況を見ていない。下にいた人々の死や被害を見ていないのだ。そうではなく、神のような高い上空から、キノコ型の雲を見、爆発による衝撃波を受けただけだった。距離が遠いために共感は不可能だった。こうした「道徳上の距離」の効果の一部は、遠隔でのドローン戦闘においても当てはまるだろう。

興味深くかつ悲劇的なことに、現代のドローン戦闘において操作者は地上や人々に何が起きているのか、はるかによく見て取ることができる。地上で人々が何をしているのか、どんな風に生きているのかが見える。本章の冒頭で紹介した描写を思い起こしていただきたい。あるいは、別のドローン兵士の次のような観察もある。

無人航空機プレデターやリーパー計画（ドローン）を推進する政治家たちの発言を読むといつも、私の頭にはいくつかの疑問が浮かぶ。まず、「彼らは一体何人の女性や子供がヘルファイア・ミサイルによって焼かれるのを見たことがあるのだろうか？」さらに「切断された足から血を流しながら、最も近い救援所へと助けを求めて野原を這っていく男性を何人見たことがあるのだろうか？」さらに具体的に言うと、「アフガニスタンの道端で、何人の兵士が死んでいるのを見たことがあるのだろうか？　かつてないほどの正確さを実現したはずの私たちの無人航空機が、彼らの護送団に即席爆破装置（ＩＥＤ）が搭載されていることを発見できなかったために。」……私は、道端で血を流して死んだ若き兵士の名前を何人も知っている。私は、何十人もの兵役年齢の男性が、アフガニスタンの荒れ地や、川沿いや、あるいは彼らがモスクから帰って来るのを家族が待っている建物のそばで、死んでいるのを見た。[21]

こうした記述は、リモート・テクノロジーが、感情移入の経験を妨げるどころか可能にすることも示している。ドローンに搭載されたカメラなどのテクノロジーが、その距離にかかわらず、新しい種類の「親密性」を作っているのである。[22]「標的」は今や、配偶者であり、親であり、家に帰る途中の人物である。「標的」にも名前がある。こうした「遠隔での親密性」および「再人間化」は、「標的」に顔や身体を与えることを通じて、攻撃する側の人間に心理的な負担をもたらす。[23]殺人ドローンの操作者は、ストレスを経験すると報じられる。重い決断をしなくてはならない（例えば、女性や子供の集団なのか戦闘員の集団なのかを見分ける）だけでなく、戦場で起きていることも目撃する。[24]破壊された家屋や人間の遺体といった暴力行為の映像に晒されると、遠隔の安全な場所で戦っているドローン兵士でさえトラウマになる。[25]ミュラーの功利主義的な議論には、こうした結果も考慮しなくてはならない。

この「遠隔での親密性」あるいは「リモートでの近接性」現象およびそれが心理に与える影響は、悪いことだけではない。遠隔では「殺しやすい」という問題を緩和する可能性がある。原則的には殺人行為へのハードルを上げるからだ。とはいえ、スクリーン上で「死」を見るのと、戦場で実際に目の前で

「死」を見るのとでは、相当な違いがあることも事実である。結局のところ、元兵士の経験によって直ちにドローン殺人に関与することを止めたわけではなく、「陰惨な義務」を果たし続けた。いずれにせよ、航空機による攻撃と、「地上部隊」との間には違いが残る。地上の兵士は、自分の攻撃行為が起こした残酷な結果に間近で直面するため、ドローン技術が少なくとも可能性を開いた際限のない殺戮行為には、自然と心理的な障壁を感じる。ドローン攻撃では、攻撃者は遠隔地にいるため、自分が攻撃されるリスクがない。ジョージ・モンビオットの論稿は、戦争が絶対的な野蛮にまでエスカレートしないのは「自軍が直面するリスクのためだ」という軍事戦略家クラウゼヴィッツの考えを私たちに思い起こさせる。気がかりなのは、リスクがなければ、殺人へのためらいも少ないのではないかということだ。「無人機で政府は臆病者の戦争、神の戦争を戦うことができる」というのが、モンビオットの結論である。[26] こうした種類の「戦闘」は公正なのか、有徳なのかというのが、私が次に抱く懸念である。

公正と有徳

第四に、攻撃が遠隔であることから生じる、非対称的な「監視と脆弱性の関係」は公正なものなのか、という問いがある。ドローンの操作者は、地上にいる「標的」を見るが、標的にされた人はおそらく観察されていることに気付かず、ドローンの操作者が何をするにせよ、その決定に対して脆弱な立場に置かれる。操作者にはリスクはなく、「標的」があらゆるリスクを負っている。この「デウス・エクス・マキナ」（機械仕掛けの神）的な状況は、ドローンの操作者に神のような視点、神のような力を与え、パノプティコンにおける監視を連想させる。パノプティコンとは一八世紀に哲学者ジェレミー・ベンサムが設計した建物で、権力と監視との関係についての現代の議論においてしばしば言及される。刑務所として使われた場合、看守は囚人たちを見ることができるが、囚人たちは看守を見ることができず、自分たちが観察されているかどうかさえ知らない。ドローンも同様の状況を作り出す。しかしこの場合、「パノプティコンの看守が銃撃する」のだ。監視、管理およびリスクの点でのこの非対照的な状況は、ドローンに限らず他の方法の「遠隔戦争」でも起きることで、不公正な戦闘と見ることができ、公正さという倫理的原則のみならず、軍事上での誠実性や有徳性に反するので、ドローンを使う側は臆病とさえいえるだろう。リスクなしでドローンを使うことは、兵士になるということが何を意味するのかという伝統的な概念に挑戦し、徳とヒロイズムにかかわる問題を提起するとクリスチャン・エネマークは主張する。このような戦闘は（依然として）、組織的な殺戮よりも有徳と言えるのか？[27] ドローン戦争を遂行する多数の人々は公正や徳を意識しておらず、機能しているのは軍事的・商業的利害（例えば兵器産業への出資）だけであろうという事実は、ドローン技術の利用に関わる反倫理的な性格を変えないし、ほぼ間違いなく、物事を一層悪くしているだけである。

説明可能性と責任

第五に、もしもドローンが意思決定にＡＩを使っているのであれば、ある種の機械学習は人間の観点からは説明できず、したがってドローンの行動は予測不能であるという問題が生じる。これは、殺人の前、最中、後において問われる問題である。こうした状況下において、責任ある軍事行動はいかにして可能となるだろうか？　自動化テクノロジーに関わる責任の課題は、スパロウによる断言をもう一度取り上げるが、機械が人間の行為者の関与を欠いていてコントロールできないから、ドローンのように高度に自律化されたシステムに関しては、誰か・何かに責任を持たせることが難しいというだけではない（前述した「責任ギャップ」について想起されたい）。問題は「人間の道徳的被行為者性」とでも呼ぶべきものが、自動化システムを配備した人々に対して、ある決定がなぜ、どのようになされたのかについて、正当な説明を求めるであろうからでもある。責任という概念はここにおいても、関係的に、そして応答できることとして理解される。責任問題は、行為者性や知識だけではなく、他者への責任を負い、応答することに関わる。ここでの「他者」には、ドローン攻撃による犠牲者あるいは犠牲者予備軍としての非戦闘員（および彼らの政治的代表者）も含まれ、おそらくは敵の戦闘員も含まれる。ドローンで人が殺された時、彼らには応答を要求する権利がある。どのように決定がなされたのかを知る権利がある。しかし殺人ドローンの意思決定がＡＩによってなされていた場合、あるいは、他の自動化された軍事技術システムのような「知的」なものによってなされていた場合、機械自体も、司令官も、満足できるような答えを与えられないだろう。機械は、人間的な意味での応答ができないし（人間のような答えができないし、人間が必要とする答えを提供できない）、司令官は機械が決定に至ったプロセスを知らないからだ。こうした場合、自動化の程度を限定し、人間が理解できるシステムで、人間をループの中あるいは傍に置いておく方が安全である。彼らが決定を行う、もしくは決定を監督し、責任を取る、つまり行ったことについて応答できる能力と理解される。私たちには意味のある人間のコントロールが必要なのであり、効果的な人間のコントロールと説明可能なシステムも必要だ。それにより意味のある説明と応答が可能になる。

機械が人間を殺すのを許すべきか?

最後に、たとえ正当な戦争というものがあるとし、従前の問題に直面しないとしても、それでも機械が人間を殺すこと自体、道徳的に問題があると主張し得るだろう。例えばアシモフによるロボット原則の第一条、「ロボットは人間に危害を加えてはならない」のように、ロボットは人間を殺すべきではないという義務論的倫理学上の主張を率直に行うことができる。しかし、スマートマシンができること、できないことに関する議論とも関連した、以下の三つの理由付けも可能だろう。第一に、標的と標的以外、戦闘員と非戦闘員などを区別すること(再びユス・イン・ベロ問題)は技術的に言って、機械は人間よりも苦手であるかもしれない。さきほども述べたことだが、機械による決定や行動は、予測可能とは限らない。私たちは生死に関わる問題において、予測できないような決定を求めるだろうか? これはまさにアーキンが、「信頼できない」人間を機械で置き換えることによって避けようとしている見方の一つである。人間は信頼できないものかもしれないが、AIを使用した高度な機械も、予測不能という意味では信頼できないものかもしれない。これはもちろん、経験的事象であり、将来には変わるかもしれない。第二に、技術的には十分人間に匹敵する、もしくは人間を上回っていても、こうした機械は十分な道徳的行為者性を依然として欠いている。とりわけ、生死に関わる倫理的意思決定能力はない。例えばアーキンとミュラーが主張するように、感情を欠いていることは長所というより欠点だろう。もし感情が、人間の良き倫理的判断の一部であり、より倫理的な行動に貢献し得るものならば、私たちには感情が必要なのであり、人間をループの中に留める必要がある。例えば共感能力は、無制限なビデオゲーム風の殺人行為を抑制するだろう、もしこれが適切な説明だとすれば。第三に、たとえ機械に何らかの道徳性が与えられ、そうした道徳性に対して原理的な反論がなくても、機械には人間のような道徳的被行為者性がなく、したがって人間を殺すことを許されるべきではない。人間は、死を恐れることの意味を知っており、生命の脆弱性を経験している。生きておらず、人間の実存や脆弱性を経験していない存在に、人間の生命を奪ったり、人間の生死に関する決定をしたりといったことを、許すべきではないのだ。

十分な道徳的行為者性、および人間のような道徳的被行為者性がないことは、ロボットと機械の間に根本的な非対称性を形成し、完全に自律した殺人への充分な反対理由となる。[28] ハインズが国連の報告書で書いているように、「機械には道徳や死がないので、結果として、人間の生死に関わる権限を持つべきではない」。[29] 人間を殺す権利は、たとえ正当化されていたとしても、人間以外に渡すべきではない。

市民グループや専門家たちによる活動およびロビイングの成果もあり、この立場はここ数年来、国際レベルで支持を大きく広げている。国連のアントニオ・グテーレス事務総長は、自律型致死兵器システム（LAWS）に関する専門家会議で、「人間の関与なしに標的を選び命を奪う力と裁量を持った機械を、政治的に受け入れることはできず、道徳的にも不快なもので、国際法によって禁じられるべきである」と述べた。[30] 欧州議会も国際的に禁止することを求めている。独自の発案《イニシアチブ》を既に起こした国もある。例えばベルギー議会の防衛委員会では、国際的な禁止を支持するよう政府に求める採択を行っている。[31] このような兵器システムの開発を拒否する企業や技術的労働者は増えつつある。しかし主要な軍事企業や政治的行為者は計画的に、殺傷能力を持つ無人航空機の開発や使用を続けている。

殺人ドローンの倫理を議論することで私たちは、自律技術のことだけではなく、戦争の正当化について、つまり、戦争において人間がする（しない）ことやすべき（すべきでない）こと、殺人と遠隔性、軍事における徳、グローバル政治といったことも熟考することになる。その途上で、別種の道徳的議論や道徳理論が使われる。例えば、アーキンとミュラーは帰結主義者として、こうした戦争機械の使用を擁護するが、それに反対する議論の多くが、「どのような行為が道徳的に許されるのか」（さらに、臆病さに関する徳倫理学の議論もある）に関する義務論に基づいて行われている。結局のところこの議論は私たちに、殺人について考えることで、人間の死すべき運命や脆弱性の道徳的意義を真摯に捉える、人間存在および人間の実存についての哲学的な観点を熟考するよう迫るのだ。それは、生命倫理原則や人権といった、あらゆる種類の倫理的および法学的原理とともに、殺人ドローンの倫理を考える基礎となり得る。あるいは、こう言うべきかもしれない。機械や、機械の道徳性についての倫理学ではなくて、人間および人間の生命を守ることを目的とした倫理学であると。

第8章　人間を超える
——ロボットという鏡：環境倫理としてのロボット倫理

ウィーンで開催された「ロボフィロソフィー２０１８」会議の主催者として私たちは参加者に、「なぜ人間はロボットを作るのか？　人間はロボットを作るべきなのか？」と問いかけた。[1] 様々な回答が寄せられた。人間がロボットを作るのは「経済的な目的を達成するため」、「汚い労働や危険な労働をさせるため」、「科学的理解を進歩させるため」、「社交性など人間のニーズを満たすため」、「人間の希望や恐怖を投影し具体化するため」、「ナルシスト的な欲求を満たすため」、「よりよい世界を作るため」、「人間の状況を超越するため」等である。ロボットは既に、歴史的、社会的、文化的、言語的な文脈やプロセスの一部になっている。ロボットには常に、それを作った「誰か」がおり（それ故私たちは社会、政治、権力についても問いかけなくてはならない）、私たちはロボットを言葉で構築し、ロボットについて語り、果てはロボットに話しかけさえする。それに加えて、ロボットは規範を表し、倫理的価値の実現を脅かしたり、手助けしたりする。[2] しかしロボットを作る最も興味深く、よく知られた理由の一つは、ロボットが、「人を人たらしめているもの」を理解するのに役立つ、というものだろう。本章はこの問題を論じる。ロボットについての問いは私たちを、人間および人間性についての問いへと導くのだ。人間の鏡としてロボットを使うことにどのような意味があるのだろうか？　このプロジェクトには何か問題が発

図7　『エクス・マキナ』より。Courtesy of Universal Studios Licensing LLC.

生する可能性があるだろうか？　それは、ロボット倫理学にとってはどのような意味があるのだろうか？

ロボットという鏡——人間についてのすべて

ロボット倫理学は、そしてより一般的に言うと、ロボットの哲学は、ロボットだけでなく人間についても多くを語る。これまでも本書で示してきた通り、ロボット倫理はもちろん機械を扱っているが、人間についての幅広いテーマとも関係している。「仕事にはどのような意味があるのか？」「私たちの社会はどのように変化しているのか？」「社会をどのように組織すべきなのか？」「良い社会関係とは、良い個人間関係とは何か？」「もし人を騙すことが許されるのなら、それは人間の尊厳にとってどのような意味を持つのか？」「良い医療とは何か？」「倫理とは、道徳とは何か？」「道徳的行為者性とは、責任とはどのような意味なのか？」「人間は人間以外のものに何かを負っているのか？」「人間自身の道徳的立場はどのように根拠付けられるのか？」「正当で道徳的に許容可能な戦争とは？（許容可能であるとすれば）」「人間が弱く、死すべき運命にあることは倫理の基礎としてどのように機能しているのか？」。このようにロボット倫理は、私たち、そして私たちの道徳、社会、人間の存在の現在と未来に関わっている。この意味で、ロボットは倫理学や他の哲学の対象（思考の対象だが私たちにそれ以上関わらないもの）というだけではなく、むしろ私たちを映し出し、見せる鏡として機能する。様々な面を持ち、倫理を含めて問題や課題を抱えている人間として。ロボット倫理学は常に、哲学的人類学とつながっている。私たちはロボット倫理学という鏡を、哲学的・人類学的な道具として使う。

機械を、人間についての哲学的思考の鏡として使うという考え方は、決して新しいものではない。デカルトが動物は複雑な機械であると主張し——神によって作られているので人間が作った機械より優れているが、それでも「機械に過ぎない」——人類は特別な存在であると主張した際、既にこのアイディアを使っている。人間は動物の体を持ち、人間の体は機械であるが、それに加えて人間には理性がある。機械も言葉を発話するかもしれないが、人間は何を言われても意味のある返答をすることができ、あらゆる状況において理性を普遍的道具として使うことができる。それゆえ、私たちは動物と、動物の見かけと器官を持った機械とを区別できないかもしれないが、人間に関しては本物かどうか分かるだろう。[3]より一般的に言えば、私たちは常に、人間以外の存在を使って人間自身について考えている。実際のところ、人間以外の存在と区別することで、人間を定義しているのである。デカルトの議論のように動物について考える場合もあるが、それ以外でも、神、天使、悪魔、ゴーレム、人造人間、機械、怪物、ゾンビ、エイリアン、そしてロボットやAIなどがある。

デカルトの人類学の例が示すように、こうした考察は、私が「否定人類学」と呼んだものを構成している。つまり私たちは人間を、「〜でない」という形で定義しがちなのである。[4]「人間はXではない」、具体的には「人間は動物ではない」、「人間は神ではない」等々である。同様に技術人類学では、ロボットを否定形で定式化する場合が多い。つまり、「人間はロボットではない」、「人間は機械ではない」、「人間はAIを備えていない」等である。しかしこの否定形アプローチから分かるのは、現代において明らかに、人間を定義するために私たちはロボットを必要としている、ということである。ロボットは「否定人類学」において鍵となる役割を果たしている。ロボットがたとえ他のどんなものであっても、ロボットは技術人類学の道具である。対照して初めて、私たちは区別することができるのだ。ロボットという鏡を使って、私たちは「ロボットでないもの」と自らを捉え、人間の特徴を説明できる。私たちはロボットではなく、機械ではない。(デカルト的に)言い方を変えると、私たちはロボット以上のもの、機械以上のものである。

この特定の技術人類学に重要な影響を与えたのはヒューマニズムと言える。ヒューマニズムとは、人間の存在や価値を強調する、哲学的な見方と広く解されている。西洋で発達したヒューマニズム人類学は、人間を人間以外のものと区別することに腐心し、可能であればその区別を維持、擁護してきた。私たちはこれを確認するための思考実験に沿って、チューリングテストその他のテストを開発してきたのだ。西洋以外の文化では、西洋ほどこの区別に固執して来なかったように見える。例えば、伝統的な神道や仏教の世界観に影響を受けた日本文化は、人間を特別にしているのは何なのか、西洋ほど思考をめぐらして来なかった。

ロボット倫理学においては、この「否定技術人類学」およびヒューマニズムがしばしば、規範的に言えば、「機械に抗して人間を守る」という形をとっている。つまり人間とロボットとが対抗関係で語られている。人間とロボットの関係は、争いの物語として定義される。私たちは、ロボットが私たちの仕事を奪うべきではないと言う。人間と機械との二者択一である。ロボットは人間の道具であり、ロボットが人間の主人になるべきではない。人間の価値こそ広まるべきである。人間を人間以外のものとは厳しく区別して人間を第一に（あるいは最高位に）置こうとする人類学に基づくと、倫理学は（そしてロボット倫理学も）人間中心であって、人間に迫る脅威からは人間を守ろうとする。ロボットは、人間の特異性や立ち位置を奪おうとする戦いを挑んでいると見られている。おそらくロボットは既に、人間を攻撃しているが、人類学的・倫理学的には、こうした「人間中心的、防御的アプローチ」だけが取り得る唯一の選択肢ではない。

人間中心を超えて

人間中心の否定人類学および倫理学を超えた時、ロボット倫理学に何が起こるだろうか？鏡が開かれた窓になるべきなのか、もしそうなったとして、ロボット倫理学にはどのような結果がもたらされるのか？　この問題については既に第3章で論じたが、さらに議論する価値はある。ロボット倫理学には少なくとも以下のような選択肢がある。より一般的に言えば、人類学や倫理学が、人間中心を超えて進むのである。

第一は、「機械」に抗せず、むしろ人間も一種のロボットであることを受け止めるという選択肢である。クラフトワークの有名な歌にあるように、私たちはロボットである。この選択肢では、私たちは生物ではあるが、自分が機械であることを認める。この近代科学的というか、むしろデカルト的な人類学では、人間は自らを改良できるということが含意されている。薬や補綴器具を使って行ってきたように、人間は既にしてサイボーグなのである。自然は私たちを、限界を有する機械として作った。私たちは自分を改良し、アップグレードできる。この宇宙の中で、長期的に必要であるかどうかは別にして。おそらく高度に知的な機械によって置き換えられるのは良いことなのであろう。AIを搭載したロボットは人間よりも賢い。私たちは人間よりも賢い（あるいは、賢くなる）機械を作ることができる。これは少なくとも影響力のあるトランスヒューマニズム（超人主義）の一種であると言える。人間やヒューマニズムは既に時代遅れとなっており、機械への抵抗は不毛である。遺伝子編集のような遺伝的改変および技術によって、さらにはブレイン・コンピュータ・インターフェイスや人工器官といった物質テクノロジーの助けも借りながら、私たちは私たち自身を強化し得るし、そうすべきなのだ。かくして人間はある種のロボット、生物素材と非生物素材の組み合わせであるサイボーグとなり、いつの日にか、ロボット学者のハンス・モラヴェックが人間の「マインド・チルドレン」（精神面での子供たち）と呼んだものが登場し、そして人間は代替されるだろう。人間の作る機械が人間と同じくらい複雑になったならば、機械が私たちの子孫になる。「生物の進化という遅いペースから解放され、私たちの精神面での子供たちはより大きな宇宙の中で巨大で根本的な課題にぶつかるほど自由に成長するだろう」と、モラヴェックは断言している。[5] ロボットが人間を乗っ取るのではと心配する代わりに、私たちが参加できる素晴らしい「ポスト生物的な未来」を待望するべきだと、モラヴェックは示唆する。

しかしどのようにしてどこに到達するのか？　私たちの立場は何になるのか？　現代のトランスヒューマニストたちはこの点で意見が一致していない。リスクの可能性についても、低く見積もる人もいればより心配する人もいる。レイ・カーツワイルは、私たちはいずれサイボーグになり、究極的には自分をアップロードすると主張している。[6] そうなれば人間はデジタル空間に住まい、そして／あるいは機械の中に埋め込まれる。カーツワイルの見方は大部分が楽観的である。ニック・ボストロムは知性において人間を凌駕する機械について書いているが、それが人間にとってどのような意味を持つのか、懸念している。超知性《スーパーインテリジェンス》の行動をどのようにコントロールするのか、という問題をボストロムは提起している（コントロール問題）。[7] もしもこれが実現したら、人類の運命は超知性の行動に依存するだろう。マックス・テグマークは、いずれこの宇宙で、知性爆発が起き知的生命が広がるだろうと考えている。そうなると人類は、かつてないほど知的な機械によって脇に追いやられるだろう。リスクを認めつつもテグマークは、著書の結論部において、「もしも私たちが、共有した目的に向かって協力するような、より調和的な人間社会を作ることができれば」現在の革命にハッピーエンドを迎えさせる見込みを向上させ得るとし、「将来の生命の守護者」としての責任を負い、今一緒にそのような未来を作ろう、としている。[8]

こうしたトランスヒューマニスト的ビジョンを踏まえると、ロボット倫理学を行うことは、道徳を備えた機械、あるいは、自ら道徳を作り出すほどスマートな機械を構築することを意味するかもしれない。おそらくは人間のものより優れた新たな道徳性を発明することになるだろう。人間の道徳は、感情などの制約によって不必要に妨げられている。機械こそが最善の、最も合理的な倫理を実現できると、期待するかもしれない。ヒューマニズムのように常に人間の倫理に焦点を当てるのではなく、機械の道徳がより前進できるような状況を、私たちは作るべきなのであろう。ここでロボット倫理は、機械の倫理を意味する。合理的思考と、道徳ゲームのような思考実験によって、哲学者はそのような倫理の構築を、科学者やロボット研究者と共に手助けすることができる。その上、コントロール問題や人間性の将来に向けた他の関係を考えることで、哲学者は手助けができるだろう。ロボット倫理はその時、人間性にも貢献するような、機械の発展を先導することを意味する。例えば『スーパーインテリジェンス』において、ボストロムは存亡的破局を避けるのに役立つ方法や技術をいくつか論じている。テグマークによる示唆は、「ロボット学および（他の）知的テクノロジーのさらなる発展は私たちの社会を調和の取れた協力的な方向へ変えていこうという努力の中にある」ことを確認する呼びかけとして解釈できる。

第二に、ポストヒューマニストの道筋を、「私たちがどんな新しい、興奮する、スーパースマートマシンを作れるのか」「それが人間にどのような存亡リスクをもたらすのか」に焦点を当てるよりも、ロボットをそのハイブリッド性、越境、他の存在と脈絡なく関係を結ぶ点を称えるものの一部と、捉えることができる。この見方では、人間も動物もロボットも共に生きられるし、共に生きるべきである。ヒューマニズムが恐れトランスヒューマニズムが待望するような、人間をロボットで置き換えるという考え方ではなく、人間も、ロボットのような人間以外の存在も、関係し融合する、というものだ。ロボットは私たちの友好的な人工的他者になり得るし、私たちは機械とのハイブリッドを追求することができる。私たちはロボットや機械とより近くなり得るし、おそらく人間はこれまでも常にその近くにいた。人間が何であるのか（人間に「本質」はない）、は明確に定義されないし、また定義されるべきでもない。二元論、二分法カテゴリーからは卒業すべきなのだ。サイボーグを再び取り上げるが、今回のサイボーグは、ハイパーモダン・プロジェクトの一環として生物的および非生物的な機械の物質的組み合わせで人間をアップグレードするというよりは、生物と機械という二分法の境界を越えてそこから自由になるを奪う歓迎されない「移民」ではないし、（トランスヒューマニズムが恐れるような）人間の地位を奪う歓迎されない「移民」ではないし、（トランスヒューマニズムが待望するような）宇宙に放出しなくてはならない、人間よりはるかに知的になる歓迎されるべき子供たちでもない。彼らは「ポストモダンな遊戯」のための潜在的なパートナーであり、私たちが心理的欲求や倫理的熱望、政治的期待などを投影できる対象でもある。ロボット愛の時代なのだ。

ダナ・ハラウェイは、こうしたポストヒューマニズムにおいて重大な影響をもたらした。有名な「サイボーグ宣言」の中で彼女は、人間、動物、機械の境界を問う道具としてサイボーグというメタファーを提示し、もはや人間が動物や機械との「共同的な親族関係」を恐れないような世界、境界を打ち壊す怪物を受容するような世界へと私たちを導いた。有機体と機械とが結びつくことを恐れるべきではないし、もしロボットが生きているように見えるのなら、これは私たちが西洋的・デカルト的二元論に囚われている限りにおいて問題なのである。[9] ロボットは、生きているように見える、あるいは、サイボーグであるような形態において、私たちを、依然として近代の思考や行動を拘束している不要な境界から私たちを解放するという役割を担い得るかもしれない。彼らは二元論ではなく人間、動物、機械が共生するようなポストモダン・ユートピアの樹立に参加し、手助けし得る。あるいは私たちは既に、ブルーノ・ラトゥールが「ノンモダン世界」と呼ぶ、人間と人間以外のものから社会が成り立つような、どこでもハイブリッドな場所に生きているのだろう。[10] こうしたビジョンにおいては、初めから私たちはモダンにいたことがないので、ポストヒューマニスト的なファンタジーは必要ない。近代哲学では主体と客体、人間と機械、人々と物との区別を迫るが、私たちは常にハイブリッドの中で生きている。ロボットも既に社会の一員である。
ロージ・ブライドッティもポストヒューマニズムを唱える一人である。彼女はポストモダンのやり方で、「複数のアイデンティティ」という点からポストヒューマンを解釈し、ポスト人間中心的思考を主張する。ハラウェイと同様に、人間と他の生物の間のカテゴリー上の区別は消し去るべきだと彼女も信じている。人間と機械との境界が曖昧になる点も論じている。著書『ポストヒューマン』において彼女は、自然と文化という区別に反対し、科学とテクノロジーがその境界を曖昧にしたことを踏まえ、「自然と文化の相互作用を非二元論的に理解する」ことを提唱する。ますます賢く、自律的になるテクノロジーの複雑さが、彼女の「ポスト人間中心主義的転回」の核心にある。哲学者フェリックス・ガタリ（生物学者フランシス・ヴァレラの考えを発展させている）の影響を受けたブライドッティは、生物有機体も、機械も、オートポイエーシス（自己組織）的であると主張する。既にハラウェイが述べたように、機械はますます生命に近づき、非物質的になり、身体は機械につながれるようになっている。ここでもサイボーグが出てくるが、ブライドッティは人間以降《ポストヒューマン》の世界を想像する中で、「テクノロジーを基にしたグローバルエコノミーを支える低賃金のデジタル無産者という匿名大衆」を含め、「テクノロジーを通して媒介された惑星の環境」と主体とが混じりあう、「革新的関係性」という用語で思考することを論じ、新種の「共生関係」や、相互依存の倫理を樹立すると主張する。しかしながらブライドッティは、「主体の必要を認めないような、科学によって駆動するポストヒューマニズムの極端な形態」は拒否する。これはトランスヒューマニズム（のある形態）とは距離を置こうという試みだと理解できる。[11]
ポストヒューマニズムの観点からすると、ロボット倫理学によって私たちは、機械と良好な関係を築き、共生する良いやり方を見つけ、二元論的、二分法的な思考や実践を打ち破り、ハイブリッドや「怪物」をも積極的に受容することに貢献する方法でロボットを発展、使用、そしてそれについて考えることを意味し得るだろう。機械に抗して人間を擁護するのではなく、むしろ、人間とロボットをいかに結合するか、そしてハイブリッドな人間／非人間社会をいかに構築するかを思考するのである。芸術やフィクションは私たちがそれを探求するのを助けてくれるだろう。さらに、ブライドッティの批判的ポストヒューマニズムに触発されて、私たちは「人間とロボットとの交流」として理解されているロボット倫理学を超え、サイボーグの政治経済学を考えることもできるだろう。ロボットやロボット学が搾取型ではなく変革された社会経済システムの一部となることはできるのか？　テクノロジーに媒介された地球環境の一部としてロボットを見るとはどういうことなのか？　人間と非人間、自然と文化、テクノロジーと生物学との新たな、ポストヒューマン型の共生へと至るために、ロボット学はどのように貢献し得るだろうか？

第三に、これが最後となるが、「人間を超える」ことは自然環境指向であり、人間中心ではないよりエコロジカルな「人類学」および倫理学を示し得る。このアプローチは原則的に、前述の（例えばラトゥールやブライドッティの）アプローチとも連携でき、トランスヒューマニズムやポストヒューマニズムほどには技術愛好的ではない。人類学的、倫理学的に言うとその焦点は、自然環境、惑星、地球に当たっている。それと同時に、トランスヒューマニストのＳＦやポストヒューマニストのサイボーグ幻想に惑わされることなく、気候変動のような、この惑星全体の自然環境といったリアルで緊急の問題に焦点を当てるべきだ、と主張できる。何かを高めたいと願うのであれば、私たちのテクノロジーの進歩は、全的に地球および環境に依存しているということを忘れるべきではない。私たちはその関係とその状況を改善しようとするべきだ。より関係的になることを願うならば、自然環境、私たちも一部である生態への配慮から始めるべきである。

この視点において、ロボット倫理学は（ヒューマニストのように）人間にだけ配慮する、あるいは（トランスヒューマニストやポストヒューマニストの見方のように）ロボットにだけ配慮するべきではない。ロボットの開発と利用が必要であるならば、人間やそのテクノロジーによって傷つけられたり、破壊されるべきではなく、生態学的に持続可能なこの星の自然環境の実現に貢献すべきである。他の生物や自然環境にも人間に次いで固有の価値があるからというだけではなく、人間中心の見方からしても、住みやすい気候を含め、持続可能な世界に向けて尽力すべきであるからだ。生き伸びるためにはおそらくそれが唯一の方法であり、（始めるか続けるかにかかわらず）良く生き繁栄するためにはそれが間違いなく唯一の方法である。さらに、罪があるのはヒューマニストだけではない。自然を操作して地球からの脱出を目指すトランスヒューマニストや近代科学の努力も、自然と文化とのハイブリッドを構想するポストヒューマニストも、人間とそれ以外の生物との将来を保証するには十分でない。ロボット学やロボット倫理学が人間の目標や人間の価値にこだわり続けるなら、あるいは、（人間のいる、もしくは人間を超えた）完璧にテクノロジー的な未来という夢だけに焦点を当てるのなら、私たちの唯一の惑星（地球）の破壊に貢献し続け、最終的には人間を含む多くの生物の絶滅へと至るだろう。そうではなく、私たちに必要なのは、環境を中心に置いたロボット倫理学である。ロボット倫理学において、いかに「環境ロボット」が「地球というシステムへの人間の影響によるかつてない環境変化」に対応できるのかだけではなく、それがもたらす倫理的・政治的な問題にも注意を向ける必要がある。[12] ロボット倫理学自体も変化すべきであり、環境倫理学になるべきだ。

これは何を意味するのか？ ロボット倫理学を環境倫理学として受け取るとはどういう意味なのか？私は、狭い（もしくは弱い）解釈と、広い（もしくは強い）解釈との区別を提案している。弱い解釈では、消極的には私たちは自然環境や生物への害を最小化するもしくは（できれば）避けるような、環境にやさしいロボットが必要であり、積極的には気候変動のような環境課題への対応を手助けするようなロボットが必要であるということだ（これは、アイミー・ヴァン・ウィンスバーグとジャスティン・ドンホーザーが求めていた環境的ロボットである）。環境派やエコロジストの視点からすると、ロボット学がこの目標に到達することは大きな一歩だろう。ロボット学のコミュニティや、それ以外の人々からも支援を受けて、この目標に到達することを期待している。この数十年、環境的・エコロジー的な思考は控え目ながら、多少とも主流の考えとなってきた。環境にやさしい、持続可能なロボット学に関心を持つ研究者も増えている。それに対して、強い解釈では、「ロボット」という概念そのものや、そのテクノロジー的な性格に疑問を投げかける。環境が危機に瀕する中で、私たちが必要とするのはどのような人工物なのか、あるいは、そもそも人工的な創造物は必要なのか？ もしくは、人類が超えられるべきだからこそ、人工的な創造物が必要であるのか？ 革新的な関係的・環境的ビジョンという観点からは、ロボット学の未来はどのようになるのか？

こういった質問への答えは、既に言及した他のアプローチとの関係でどのような立場を取るのかに依存するだろう。トランスヒューマニストが環境主義に触発されたならば、そして、地球を捨てて他の惑星を植民化するという考えを主張しないならば、人間の強化や、地球を管理するという仕事を人間よりもうまく成し遂げる賢い創造物によって人間が取って代わられる、あるいは人間と創造物とが融合することを、求めるだろう。このシナリオでは、環境主義的な目標に到達するために、ロボットが人間に取って代わり、超知性機械が地球を救う（現在のままの人間を救う価値はないかもしれないが）。批判的なポストヒューマニストや環境主義者は別の方向へ向かうだろう。おそらく自然物の次に人工的な創造物を歓迎し、彼らをこの地上に招待して共生し、あるいは、人間中心主義といった近代およびトランスヒューマニストの前提を問い直し、それが地球の自然環境にもたらした結果についても懐疑するだろう。

後者のアプローチに触発された、私自身の疑問がある。環境倫理学としてロボット倫理学を受け入れることは、現代のロボット学というプロジェクトを捨てることにつながるのだろうか？　もしロボットが地球を完全にコントロールするための道具であるなら、そしてそれが問題含みであるなら、環境にやさしいロボットを作れば十分なのか、あるいはより革新的な変化が必要であり、そこに「ロボット」に関わらないということにするのか？　もしロボットが人間に仕える奴隷であるなら、しかしもしそこに埋め込まれた奴隷、支配、覇権といった関係自体が道徳的に非難されるべきものなら、そもそも私たちには「ロボット」が必要だろうか？　もしロボットが人間を写す鏡であるなら、そしてこの場合の「人間」が人々や自然の全体主義的な管理といった覇権的な主体という「醜い面」を前提としているなら、私たちはそうした種類の鏡を必要とするだろうか？　ポストヒューマニストや環境主義者による文章は、倫理的・政治的思考のオルタナティブを示唆する。旧来のヒューマニズムを超え、強い人間中心的かつ二元論的な自然観を拒否する思考法だ。それらはまた、新たな政治の方向へのアプローチを提示し、近代の権力構造を問い直す。ロボット学の政治については、さらなる研究が必要である。

こうしたアプローチや、ロボット倫理学を環境倫理学であるという強い解釈が、将来のテクノロジーやロボット学にどのような意味を与えるのか今の段階では明白ではないが、批判的・哲学的ロボット倫理学はこうした方向性を避けるべきではなく、これらの問題を問い議論するべきだと私は考える。例えば、もしバリュー・センシティブ・デザイン〔人間の価値観を考慮したテクノロジーの設計〕がロボット学の正しい方向性だとするなら、なぜ人間の価値観だけを考慮するのか？　そもそもなぜ人間中心でデザインすべきなのか？　人間以外の価値観や、持続可能性といった原則を考慮に入れるだけで十分なのか？　それともより革新的な、環境的・政治的に批判的な種類のデザインを考え出すことができるのか？　私たちのトピックに引き付けて言うと、こうしたデザインの結果生まれたものは、依然としてロボットと呼べるのか？　環境的な「ポストロボット」はどのようなものになるのか？

本章が描きだす哲学的な立場の見取り図は、いくらか戯画的であろう。しかし、多様な方向性（ヒューマニスト、トランスヒューマニスト、ポストヒューマニストや環境主義者）の間の違いを明確にするためにこのように記述しているのであり、ロボット倫理学のさらなる発展をもたらすかもしれないこれらのアプローチの可能性について読者に考えてもらうよう求めている。もう一度言うが、ロボット倫理学はロボットや機械、人工物にだけ関わるのではない。それは人間にまつわる「大きな」問いに関わり、――さらに必要であれば、またはできる限り、思考・倫理において人間を超えることに関わり、いずれにしても、人間についての大きな問いは、人間でなければ答えを出せない。ロボットはこれらの問いを考える際の道具や鏡として、手助けはしてくれるかもしれないが。これまでも見てきたようにこの鏡はいくつもの異なった像を映し出している。しかし最終的には私たち人間が、人間として、社会として、この惑星の人間性の向かうべき方向を、解釈し、創造し、議論し、決定しなくてはならない。言い換えると、私たち人間はロボットについて考えなくてはならないが、それだけではなく、ロボットやロボット学、ロボットと人間の関係が提起するような、間違いなくより重要な問題を考えなくてはならないのだ。この思考は機械に任せることはできないし、任せるべきではない。倫理的にも政治的にも、少なくともトランスヒューマニズムやポストヒューマニズムが批判するような意味合いにおいて、ヒューマニズムは問題含みかもしれない。しかしながら認識論的には、それが意味を持つのは、私たちがロボットやロボット倫理や他の問題を考える際に、人間や人間の主観性を経由しなくてはならないと認識している時のみである。私たちが単に鏡を「使用」しているだけでなく、私たちは鏡の反射の一部なのである。

最後に問われるべきは、学界でロボット倫理学やロボット哲学を専門に行う人以外に、誰（個人、グループ、人々のカテゴリー）あるいはどんな人々が、ロボット倫理学やこうした鏡の訓練を行うのか、という問題である。一つには、ロボットの専門家である。第一章でも示唆したように、ロボットの設計および製造に関わるエンジニア、開発者といった人々すべては自分たちの作り出したものに対して重大な責任を負っている。この責任を果たし、倫理的な考えを交えるためには、技術教育のプログラムやトレーニングのカリキュラムの中に、倫理学を入れる必要がある。それも、単に付け足すのではなく、関連する技術科目の中に埋め込むのである。また、ロボット学研究を行う人々のチームの構成や学生の（例えばジェンダーを含めた）多様性をより確保すべきである。さらに、責任ある研究や革新についてのアイディアや、多数人が関わる事象の責任の分析に沿って、ロボットを使う人々はもちろんのこと、投資家、株主、ロボット会社の社長や役員、コンサルタント、特定の専門分野（例えばケアや教育）の専門職や実践者、政府、消費者権利組織や労働組合などの非政府組織など、他の多数の利害関係者も参加すべきである。ロボット学に関して彼らが意思決定に影響を与えたり、ロボット学の結果を支えたりするならば、ロボットの倫理や政治について考えるべきだろう。それが実現すれば、ロボット倫理学は、他の技術倫理学と同様に、コミュニティのメンバー全員、ある特定の社会の市民、ひいては人類全員に関わってくる。私たち全員が、程度の差はあれある程度利害を持っているのであれば、私たちはロボット倫理について考えるべきであるし、発言するべきであるし、多少なりとも責任を有するべきだ。ロボット学という鏡に、テクノロジーと社会の未来に関して、私たちが実際にはどのくらい民主的なのか、民主的になり得るのか、民主的になりたいと思っているのか、その実相を映し出させよう。

謝辞

ＭＩＴ出版で本書というプロジェクトを支えてくれた編集者、フィリップ・ローレン、アレックス・フープス、ヴァージニア・クロスマンに感謝する。同僚のザカリー・ストームズが、現行の形式を整え、画像の著作権処理をしてくれたことにも心から感謝を。執筆期間中、オンラインやオフラインで付き合ってくれた友人や家族にも感謝している。最後になるが、ロボット倫理学というコミュニティ内の畏友や仲間たちには感謝してもしきれない。この一五年以上、彼らと時間を費やして議論してきたことは、私にとって喜びだった。この分野は彼らなしでは今日のようにはなってはいなかっただろう。今後もよい研究を続けましょう。

用語集

アンドロイド

外見を人間に似せて作られたロボット。

擬人化

人間の属性を、神や動物、物といった人間以外のものに付与すること。ロボット学や、人間とロボットの関係においてこの用語は、感情といった人間特有の性質を、ロボットに投影してしまう現象を指す。

ＡＧＩ（汎用型人工知能）

人間ができる認知的作業を理解し学ぶことができるような、仮説的な機械知能。

アシモフによるロボット原則

ＳＦ作家アイザック・アシモフが提案した、ロボットが従うべき倫理的な規則。ロボット三原則は次の通り。「ロボットは人間に危害を加えてはならない。また危険を看過することによって、人間に危害を及ぼしてはならない」「ロボットは人間に与えられた命令に服従しなくてはならない。ただし、与えられた命令が第一法則に反する場合はこの限りではない」「ロボットは前掲の第一法則、第二法則に反するおそれのない限り、自己を守らなければならない」。後に、第0原則が加えられた。「ロボットは人類に危害を加えてはならない。またその危険を看過することによって、人類に危害を及ぼしてはならない」。

潜在能力アプローチ

元は経済理論で使われていたが、現在では人々のウェルビーイングを達成する自由を潜在能力、すなわち何ができるのかという点から理解するアプローチで、規範的な概念枠組みと関連付けられている。

資本主義

生産手段の私的所有および自由市場競争に基づいた経済政治システム。カール・マルクスなど資本主義を批判する論者たちは、資本主義によって労働者が搾取され、資本蓄積や権力がごく少数の手に移る、としている。

サイバーフィジカルシステム

計算、ネットワーキング、物理的なプロセスをまとめた技術システム。アルゴリズムによってコントロールされ、インターネットとも接続される。

環境ロボット

気候変動問題やそれが人間および地球の生態系に及ぼす影響といった、環境面での課題への対応を助けるロボットのこと。

倫理学

哲学の一分野で、正しさ（行動）や良さ（人生）といった規範的問題を扱う。

フェティッシュ（物神性）

元はフロイトの用語だが、性的病理の特定の形態を指す言葉となった。本書では、別のものの代用となるような（望ましい）人工のオブジェクトといったより一般的な意味で使っている。

第四次産業革命

蒸気機関など新たに発明されたテクノロジーによって可能となった過去の三回の産業革命に引き続き、現在は、自律的な知的ロボットや他のサイバーフィジカルシステムおよびＩｏＴなどによって産業が変容していることを指す言葉。

良い人生（ユーダイモニア）

哲学では何が「良い人生」であるのか、様々な見方があるが、アリストテレス派の伝統では、個人の卓越性や徳の達成と結びつけている。

ヒューマニズム

人間存在やその価値に中心を置く哲学的見方。

インダストリー4・0

もとはドイツの産業政策という文脈で使われていたものだが、現在では製造過程や工場におけるスマート化の推進に関連づけて語られる。具体的には3Dプリンタ、クラウド技術、ARといった新テクノロジーに続いてIoTや（ビッグ）データ分析を使ったもの。

ループの中、ループの傍、ループの外

自律型システムのコントロールにおいて、人間がどのように関わるかを区別したもの。「ループの中」では人間が直接にコントロールし、システムを動かすために必要な行動を取る。「ループの傍」では、人間は監督するだけである。「ループの外」では、システムが自律的に作動するので、人間はシステムと接触しない。

ユス・アド・ベルム対ユス・イン・ベロ

前者は戦争（の開始）の正当化に関わる問題。後者は戦争中の「正しい行為」に関わる問題。

殺人ドローン

殺人能力を持つ兵器を搭載した無人航空機。

余暇社会

人間によって行われている仕事が広く機械に取って代わられ、人間は仕事から解放されてレジャーが楽しめるようになるという、ユートピア的な考え方。

道徳的被行為者

道徳的行為者が、道徳上の責任を持ち得るような相手のこと。道徳関係の受け手であり、何かが必要とされる。

ポストヒューマニズム

哲学や倫理学の関心を、人間だけでなく人間以外にも拡張する哲学的な見方。サイボーグというメタファーを使うなど、越境や融合を肯定的に評価する。

責任ギャップ

ロボット学や自動化の倫理において、このギャップはロボットや自律型機械が自律性や行為者性を増してきたと言われてきているが、責任を伴わない問題のこと。責任は人間に帰属するものとされ得る。しかし、誰が責任を持つのか、人間は依然として即時に介入できるのか？

責任ある研究とイノベーション

研究やイノベーションは、社会における利害関係者とイノベーターとが相互に責任を持つプロセスであり、当初から倫理が統合されている。

ロボット

ロボットとは（米国電気電子学会の定義を基にすると）、環境を知覚し、意思決定のための計算を行い、実世界で行動を起こすことができる自律型機械である。本書ではこの定義に加えて、高度な自律性、知性、相互作用性を備えたハードウェアを持つロボットに焦点を当てている。

ロボット倫理学

技術哲学の一分野であり、ロボットにまつわる規範的な問いに関わる応用倫理学である。ロボットの利用や開発を行う人間が（例えば他の人間やロボットに対して）どのようにふるまうべきか、そしてロボットがどのようにふるまうべきかといったことにも言及し得る。

ロボット哲学

ロボットにまつわる問いに関与する哲学。

社会的支援ロボット

教育、訓練、セラピー、リハビリといった文脈で、交流を通じて、人々を手助けし得るロボット。

ソーシャルロボット

人間とロボットとの交流を可能にするような、社会的ふるまいをイミテーションするために設計されたロボット。

超知性《スーパーインテリジェンス》

最も賢い人間をはるかにしのぐような知性を持つ、仮説的な行為者。

不信の停止

人間が批判能力を停止し、享楽のために何かを信じること。

トランスヒューマニズム

人間が科学技術を使って、現在の限界を超えることができるし、超えるべきだとする考え。

トロッコ問題

以下のような問題を考察する、倫理学的な思考実験。変種もある。トロッコが走っていて、その先のレールには五人の人が縛られている。あなたがレバーを引くと、トロッコを別の線路へと方向を変えることができるが、その先にも一人の人が縛られている。あなたは何もしないのか？　それともレバーを引くのか？

チューリングテスト

アラン・チューリングの提案したもので、機械が人間と区別できないような知的なふるまいができるかどうかをテストするのが目的。人間および、人間のような反応をするように設計された機械と、判定者が自然言語で会話を行う。もし判定者が、機械と人間とを区別できなかったならば、機械はこのテストに合格したとされる。

不気味の谷

森政弘による仮説。外見が人間に近づくにつれて親しみやすさが増すが、ある点からは「不気味の谷」に入り、人間との微妙な違いが不気味さや違和感を感じさせる、というもの。

ユニバーサル・ベーシック・インカム

労働や自身の活動報告など抜きで、国家がすべての国民に対し、一定の金額を定期的に支払うという制度。

無人航空機（UAVs）

遠隔操作あるいはコンピュータによって操縦される航空機。「飛行ロボット」と呼ぶ人もいる。

ウィザード法（オズの魔法使い実験）

被験者は自律的・知的に作動しているコンピュータあるいはロボットと交流していると思っているが、その機械は実際には人間が（遠隔で）操作しているような、研究実験。

注釈

第1章

1. Coeckelbergh, *New Romantic Cyborgs.*
2. https://robots.ieee.org/learn/.
3. Lin, Abney, and Bekey, "Robot Ethics," 943.
4. Heidegger, *Question concerning Technology.*
5. Coeckelbergh, "You, Robot."
6. Asaro, "What Should We Want from a Robot Ethic?," 9.
7. Coeckelbergh, "Robotic Appearances."
8. Abney, "Robotics, Ethical Theory, and Metaethics."
9. Botting, *Mary Shelly.*
10. Boddington, *Towards a Code of Ethics*; Coeckelbergh, *AI Ethics*; Gunkel, An *Introduction*; Liao, Ethics; Bartneck et al., *An Introduction*.
11. 例えば' Hildebrandt, *Smart Technologies*; Turner, *Robot Rules*; Fosch-Villaronga, *Robots*. を参照。
12. Lin, Bekey, and Abney, *Robot Ethics*; Lin, Abney, and Jenkins, *Robot Ethics 2.0*; Coeckelbergh et al., *Envisioning Robots*.

第2章

1. https://libcom.org/blog/xulizhi-foxconn-suicide-poetry.
2. Wakefield, "Foxconn."
3. Marx, *Capital*, 548.
4. Wiener, *Human Use*, 162.
5. Servoz, *Future of Work*, 40.
6. Fletcher and Webb, "Industrial Robot Ethics."
7. UNI Global Union, *Top 10 Principles*, 4–5.
8. Zuboff, *Age of Surveillance Capitalism*.
9. Brynjolfsson and McAfee, *Second Machine Age*.
10. Schwab, *Fourth Industrial Revolution*.
11. Frey and Osborne, "Future of Employment."
12. McKinsey Global Institute, *Jobs Lost*.
13. McKinsey Global Institute, *Jobs Lost*.
14. Ford, *Rise of the Robots*.
15. Frey and Osborne, "Future of Employment," 20–22.
16. Servoz, *Future of Work*, 5.
17. McKinsey Global Institute, *Jobs Lost*, 39.
18. McKinsey Global Institute, *Jobs Lost*, 36.
19. PricewaterhouseCoopers, *Will Robots Really Steal Our Jobs?*
20. Servoz, *Future of Work*, 6.
21. World Economic Forum, *Reskilling Revolution*.
22. PricewaterhouseCoopers, *Will Robots Really Steal Our Jobs?*
23. PricewaterhouseCoopers, *Will Robots Really Steal Our Jobs?*
24. McKinsey Global Institute, *Jobs Lost*.
25. Servoz, *Future of Work*, 3.
26. Servoz, *Future of Work*, 45–46.
27. World Economic Forum, *Future of Jobs*, ix.
28. Danaher, *Automation and Utopia*, 135.
29. Veal, "Leisure."
30. McKinsey Global Institute, *Jobs Lost*, 8.
31. PricewaterhouseCoopers, Fourth Industrial Revolution.

第3章

1. https://www.jibo.com/.
2. https://futurism.com/jibo-dead-announcement-video.
3. 有名な Google Duplex demo in 2018: https://ai.googleblog.com/2018/05/duplex-ai-system-for-natural-conversation.html を参照。
4. この議論の概説として、van Den Hoven et al., "Privacy" を参照。
5. Zuboff, *Age of Surveillance Capitalism*.
6. Véliz, *Privacy Is Power*.
7. http://hellobarbiefaq.mattel.com/.
8. Reese, "Wi-Fi-Enabled 'Hello Barbie.'"
9. Calo, "Robots and Privacy," 188.
10. Matsuzaki and Lindemann, "Autonomy-Safety Paradox."
11. Sparrow and Sparrow, "In the Hands of Machines?," 155.
12. Sparrow, "Robots in Aged Care," 448, 446.
13. Coeckelbergh, "Care Robots and the Future of ICT-Mediated Elderly Care."
14. Sharkey and Sharkey, "Crying Shame," 166, 168.
15. Turkle, *Reclaiming Conversation*, 344, 339, 358.
16. 私が「フロイトの」ではなく「ややフロイト的な」という表現にとどめたのは、私自身が、フロイトの一九二七年の「フェティシズム」論文から距離を置いているからである。この論文でフロイトは、性的発展および関係する病理について、彼特有の見方から理論付けを行っている。この論文でフロイトはフェティシズムを、男性の幼児期の去勢恐怖と結びつけている。母親にペニスがないという事実に直面し、フェティシストはその失われたペニスの代用となるものを探し求める。一九五〇年代、ジャック＝マリー＝エミール・ラカンがこの理論をさらに発展させた。しかし私がここで使っている意味は、彼らとは対照的に、より広い一般的な意味においてである。何かの代用となるような物のことだ。フロイトやラカンが発展させた、性的病理学の特定の理論を喚起させる意図はない。ここでの「魔法」という用語も、人類学の文脈で使っているが、やはり特定の理論を指してはいない。この話題について詳しく論じることはむしろ、本書の当初の目的から離れてしまうだろう。
17. Sullins, "Robots, Love, and Sex," 208.
18. Carpenter, "Deus Sex Machina," 283.
19. Smith, *Erotic Doll*.
20. Richardson, "Asymmetrical 'Relationship,'" 291, 292. このキャンペーンについては、https://campaignagainstsexrobots.org/ を参照。
21. Isaac and Bridewell, "White Lies," 157.
22. For more discussion on this issue, see Coeckelbergh, "How to Describe."
23. Coeckelbergh, "Technology Games/Gender Games."
24. Carpenter et al., "Gender Representation," 262.
25. Carpenter et al., "Gender Representation," 264.
26. Benjamin, *Race after Technology*.
27. Coeckelbergh, "Technology Games/Gender Games."
28. Carpenter, "Existential Robot," 42.

第4章

1. Foster, "Aging Japan."
2. http://www.parorobots.com/.
3. Archer, "'Friendly' Hospital Robot."

4. https://med.nyu.edu/robotic-surgery/physicians/what-robotic-surgery.
5. Mavroforou et al., "Legal and Ethical Issues in Robotic Surgery."
6. Nordrum, "Cyderdyne's HAL Exoskeleton."
7. van Wynsberghe and Li, "Paradigm Shift."
8. https://www.dream2020.eu/goals-methodology/.
9. https://www.softbankrobotics.com/emea/en/nao.
10. 例えば Coeckelbergh et al., "Survey of Expectations." を参照。
11. Sparrow and Sparrow, "In the Hands of Machines?" ; Sharkey and Sharkey, "Granny."
12. Matthias 2004, "Responsibility Gap."
13. Sparrow and Sparrow, "In the Hands of Machines?" ; Sharkey and Sharkey, "Granny."
14. Kitwood, *Dementia*, 47. Sharkey and Sharkey, "Granny" を参照。
15. Sparrow and Sparrow, "In the Hands of Machines?"
16. Coeckelbergh, "Health Care."
17. Nozick, *Anarchy*, 43.
18. Sharkey and Sharkey, "Granny."
19. Beauchamp and Childress, *Principles*.
20. Sparrow and Sparrow, "In the Hands of Machines?"
21. Sharkey and Sharkey, "Granny."
22. Nussbaum and Sen, *Quality of Life*; Nussbaum, *Women*; Coeckelbergh, "Health Care," 184–185; Coeckelbergh, "How I Learned."
23. Nussbaum, *Frontiers of Justice*, 76.
24. Nussbaum, *Frontiers of Justice*, 76–78.
25. Coeckelbergh, "How I Learned," 79–80.
26. Borenstein and Pearson, "Robot Caregivers."
27. Coeckelbergh, "Care Robots, Virtual Virtue."
28. Sparrow, "Robots in Aged Care," 448.
29. Coeckelbergh, "E-Care as Craftmanship."
30. Sennett, *Craftsman*.
31. Dreyfus and Dreyfus, *Five-Stage Model*; Dreyfus and Dreyfus, "Towards a Phenomenology."
32. Coeckelbergh, "E-Care as Craftmanship."
33. Sorell and Draper, "Robot Carers," 188.
34. Coeckelbergh, "Care Robots, Virtual Virtue."
35. Coeckelbergh, "Artificial Agents," 267–270.
36. Coeckelbergh et al., "Survey of Expectations."
37. Sparrow and Sparrow, "In the Hands of Machines?"
38. Friedman, "Value-Sensitive Design" ; Friedman and Hendry, Value Sensitive Design.
39. van Wynsberghe, "Designing Robots."
40. von Schomberg, *Towards Responsible Research*.
41. Stahl and Coeckelbergh, "Ethics."

第5章

1. http://moralmachine.mit.edu/.
2. Awad et al., "Moral Machine."
3. Nyholm and Smids, "Ethics of Accident-Algorithms."
4. Levin and Wong, "Self-Driving Uber."
5. Anderson and Anderson, *Machine Ethics*, 9.
6. Winfield, "Making an Ethical Machine."

7. Asimov, "Runaround."
8. Winfield, Blum, and Liu, "Towards an Ethical Robot."
9. Wallach and Allen, *Moral Machines*, 7.
10. Johnson, "Computer Systems."
11. Coeckelbergh, "Moral Appearances."
12. Clark, "Asimov's Laws."
13. Bostrom, *Superintelligence*, 139.
14. Wallach and Allen, *Moral Machines*, 8, 9, 26.
15. Floridi and Sanders, "On the Morality."
16. Sullins, "When Is a Robot a Moral Agent?," 29.
17. Nyholm, *Humans and Robots*, 55.
18. Helveke and Nida-Rümelin, "Responsibility for Crashes."
19. Matthias, "Responsibility Gap."
20. Fischer and Ravizza, *Responsibility and Control*; Rudy-Hiller, "Epistemic Condition."
21. Aristotle, *Complete Works*, 1109b30–1111b5.
22. van de Poel et al., "Many Hands."
23. Fischer and Ravizza, *Responsibility and Control*, 13.
24. Aristotle, *Complete Works*, 1111a3–1111a5.
25. Rudy-Hiller, "Epistemic Condition."
26. Duff, "Who Is Responsible?"
27. Smith, "Responsibility as Answerability."
28. Coeckelbergh, "AI, Responsibility Attribution."
29. Coeckelbergh, "AI, Responsibility Attribution."
30. Loh and Loh, "Autonomy and Responsibility," 36.
31. Coeckelbergh, "Virtual Moral Agency."
32. Sullins, "When Is a Robot a Moral Agent?"

第6章

1. Parke, "Is it Cruel?"
2. Leopold, "HitchBOT."
3. Wakefield, "Can You Murder."
4. Suzuki et al., "Measuring Empathy."
5. Darling, "Who's Johnny," 181.
6. Horstmann et al., "Do a Robot's Social Skills and Its Objection Discourage Interactants?," 20–21.
7. Ishiguro, "Android Science."
8. Mori, "Uncanny Valley"；MacDorman and Ishiguro, "Uncanny Advantage."
9. Tognazzini, "Principles, Techniques, and Ethics of Stage Magic."
10. Flusser, *Shape of Things*, 17.
11. Coeckelbergh, "How to Describe."
12. Bryson, "Robots Should Be Slaves."
13. Gunkel, "Other Question."
14. Kant, *Lectures on Ethics*.
15. Darling, "Extending Legal Protection."
16. Coeckelbergh, "You, Robot."
17. Coeckelbergh, *Growing Moral Relations*; Coeckelbergh, "Moral Standing of Machines."
18. Coeckelbergh, *Growing Moral Relations*.
19. Gunkel, *Machine Question*; Gunkel, "Other Question."
20. 例えば Danaher, "Welcoming Robots"；Coeckelbergh, "Should We Treat Teddy Bear 2.0 as a Kantian Dog?" を参照。
21. Coeckelbergh, "Why Care about Robots?"
22. Coeckelbergh, *Moved by Machines*.

23. Coeckelbergh, “How to Describe” ; Zimmerli, “Deus Malignus.”
24. Danaher, *Automation and Utopia*, 186.
25. Carpenter, “Deus Sex Machina.”
26. Coeckelbergh, “How to Use” ; Coeckelbergh, “Should We Treat Teddy Bear 2.0 as a Kantian Dog?”

第7章

1. Note that the term “unmanned” is problematic in terms of gender.
2. Piper, “Death by Algorithm.”
3. https://www.stopkillerrobots.org/.
4. McKay, “19 Climate Change Activists.”
5. Lin, Bekey, and Abney, *Autonomous Military Robotics*.
6. Kreps, “Ground the Drones?”
7. Arkin, “Case for Ethical Autonomy.”
8. Asaro, “What Should We Want from a Robot Ethic?”
9. Müller, “Autonomous Killer Robots,” 76.
10. Sullins, “RoboWarfare.”
11. Byrne, “Making Drones.”
12. Sparrow, “Killer Robots,” 70, 71, 75.
13. Müller, “Autonomous Killer Robots,” 75–76, 78.
14. 例えば Article 36, “Killing by Machine.” を参照。
15. Santoni de Sio and van den Hoven, “Meaningful Human Control.”
16. See, for example, Gross, “Assassination.”
17. Heyns, Report, 20–21.
18. Grossman, *On Killing*.
19. Sharkey, “Killing Made Easy.”
20. Coeckelbergh, “Drones, Information Technology, and Distance.”
21. Linebaugh, “I Worked on the U.S. Drone Program.”
22. Bumiller, “Day Job” ; Coeckelbergh, “Drones, Information Technology, and Distance” ; Coeckelbergh, “Drones, Morality, and Vulnerability.”
23. Williams, “Distant Intimacy” ; Coeckelbergh, “Drones, Information Technology, and Distance.”
24. McCammon, “Warfare.”
25. Press, “Wounds.”
26. Monbiot, “With Its Deadly Drones.”
27. Enemark, *Armed Drones*, 7, 4.
28. Coeckelbergh, “Drones, Morality, and Vulnerability.”
29. Heyns, *Report*, 17.
30. Møller, “Secretary-General’s Message.”
31. Campaign to Stop Killer Robots, “Parliamentary Actions in Europe.”

第8章

1.https://conferences.au.dk/robo-philosophy-2020-at-aarhus-university/previous-conferences/rp2018/.
2. Funk, Seibt, and Coeckelbergh, “Why Do/Should We Build Robots?”
3. Descartes, *Discourse on Method*, part 5.
4. Coeckelbergh, *Human Being @ Risk*; Coeckelbergh, “Robotic Appearances.”
5. Moravec, *Mind Children*, 1.

6. Kurzweil, *Singularity Is Near*.
7. Bostrom, *Superintelligence*.
8. Tegmark, *Life 3.0*, 335.
9. Haraway, "Cyborg Manifesto," 295, 292.
10. Latour, *We Have Never Been Modern*.
11. Braidotti, *Posthuman*, 3, 43, 94, 90, 92, 102.
12. van Wynsberghe and Donhauser, "Dawning.

文献

Abney, Keith. "Robotics, Ethical Theory, and Metaethics: A Guide for the Perplexed." In *Robot Ethics: The Ethical and Social Implications of Robotics*, edited by Patrick Lin, George Bekey, and Keith Abney, 35–52. Cambridge, MA: MIT Press, 2012.

Anderson, Michael, and Susan Anderson, eds. *Machine Ethics*. Cambridge: Cambridge University Press, 2011.

Archer, Joseph. "'Friendly' Hospital Robot Begins Trials to Help Stressed Nurses." *Telegraph*, September 19, 2018. https://www.telegraph.co.uk/technology/2018/09/19/friendly-hospital-robot-begins-trials-help-stressed-nurses/.

Aristotle. *The Complete Works of Aristotle*. Edited by Jonathan Barnes. 2 vols. Princeton, NJ: Princeton University Press, 1984.『アリストテレス全集』岩波書店，2013- ほか。

Arkin, Ronald. "The Case for Ethical Autonomy in Unmanned Systems." *Journal of Military Ethics* 9, no. 4 (2010): 332–341.

Article 36. "Killing by Machine: Key Issues for Understanding Meaningful Human Control." April 2015. https://article36.org/wp-content/uploads/2013/06/KILLING_BY_MACHINE_6.4.15.pdf.

Asaro, Peter. "How Just Could a Robot War Be?" In *Current Issues in Computing and Philosophy*, edited by Philip Brey, Adam Briggle, and Katinka Waelbers, 50–64. Amsterdam: IOS Press, 2008.

Asaro, Peter. "What Should We Want from a Robot Ethic?" *International Review of Information Ethics* 6 (2006): 9–16.

Asimov, Isaac. "Runaround: A Short Story." *Astounding Science-Fiction* 29, no. 1 (March 1942): 94–103.

Awad, Edmond, Sohan Dsouza, Richard Kim, Jonathan Schulz, Joseph Henrich, Azim Shariff, Jean-François Bonnefon, and Iyad Rahwan. "The Moral Machine Experiment." *Nature* 563 (2018): 59–64.

Bartneck, Christoph, Christoph Lütge, Alan R. Wagner, and Sean Welsh. *An Introduction to Ethics in Robotics and AI*. Cham, Switzerland: Springer, 2021.

Beauchamp, Tom, and James Childress. *Principles of Biomedical Ethics*. Oxford: Oxford University Press, 1994. トム・L・ビーチャム＆ジェイムス・F・チルドレス（立木教夫・足立智孝監訳）『生命医学倫理』麗澤大学出版会，2009

Benjamin, Ruha. *Race after Technology: Abolitionist Tools for the New Jim Code*. Cambridge, UK: Polity Press, 2019.

Boddington, Paula. *Towards a Code of Ethics for Artificial Intelligence*. Cham, Switzerland: Springer, 2017.

Borenstein, Jason, and Yvette Pearson. "Robot Caregivers: Harbingers of Expanded Freedom for All?" *Ethics and Information Technology* 12 (2010): 277–288.

Bostrom, Nick. *Superintelligence: Paths, Dangers, Strategies*. Oxford: Oxford University Press, 2014. ニック・ボストロム（倉骨彰訳）『スーパーインテリジェンス』日経BP，2017

Botting, Eileen Hunt. *Mary Shelley and the Rights of the Child*. Philadelphia: University of Pennsylvania Press, 2018.

Braidotti, Rosi. *The Posthuman*. Cambridge, UK: Polity Press,

2013. ロージ・ブライドッティ（門林岳史監訳）『ポストヒューマン』フィルムアート社，2019

Brynjolfsson, Erik, and Andrew McAfee. *The Second Machine Age: Work, Progress, and Prosperity in a Time of Brilliant Technologies*. New York: W. W. Norton and Company, 2014. エリック・ブリニョルフソン＆アンドリュー・マカフィー（村井章子訳）『ザ・セカンド・マシン・エイジ』日経ＢＰ，2015.

Bryson, Joanna. “Robots Should Be Slaves.” In *Close Engagements with Artificial Companions: Key Social, Psychological, Ethical and Design Issues*, edited by Yorick Wilks, 63–74. Amsterdam: John Benjamins, 2010.

Bumiller, Elisabeth. “A Day Job Waiting for a Kill Shot a World Away.” *New York Times*, July 30, 2012. https://www.nytimes.com/2012/07/30/us/drone-pilots-waiting-for-a-kill-shot-7000-miles-away.html.

Byrne, Edmund. “Making Drones to Kill Civilians: Is It Ethical?” *Journal of Business Ethics* 147 (2015): 81–93.

Calo, M. Ryan. “Robots and Privacy.” In *Robot Ethics: The Ethical and Social Implications of Robotic*s, edited by Patrick Lin, George Bekey, and Keith Abney, 187–201. Cambridge, MA: MIT Press, 2012.

Campaign to Stop Killer Robots. “Parliamentary Actions in Europe.” July 10, 2018. https://www.stopkillerrobots.org/2018/07/parliaments-2/.

Carpenter, Julie. “Deus Sex Machina: Loving Robot Sex Workers and the Allure of an Insincere Kiss.” In *Robot Sex: Social and Ethical Implications*, edited by John Danaher and Neil McArthur, 261–287. Cambridge, MA: MIT Press, 2017.

Carpenter, Julie. “The Existential Robot: Living with Robots May Teach Us to Be Better Humans.” *Issues* 108 (2014): 39–42.

Carpenter, Julie, Joan M. Davis, Norah Erwin Stewart, Tiffany R. Lee, John D. Bransford, and Nancy Vye. “Gender Representation and Humanoid Robots Designed for Domestic Use.” *International Journal of Social Robotics* 1 (2009): 261–265.

Clark, Roger. “Asimov’s Laws of Robotics: Implications for Information Technology.” In *Machine Ethics*, edited by Michael Anderson and Susan Anderson, 254–284. Cambridge: Cambridge University Press, 2011.

Coeckelbergh, Mark. *AI Ethics*. Cambridge, MA: MIT Press, 2020. M．クーケルバーク（直江清隆翻訳代表）『ＡＩの倫理学』丸善，2020

Coeckelbergh, Mark. “AI, Responsibility Attribution, and a Relational Justification of Explainability.” *Science and Engineering Ethics* 26, no. 4 (2020): 2051–2068.

Coeckelbergh, Mark. “Artificial Agents, Good Care, and Modernity.” *Theoretical Medicine and Bioethics* 36 (2015): 265–277.

Coeckelbergh, Mark. “Care Robots and the Future of ICT-Mediated Elderly Care: A Response to Doom Scenarios.” *AI and Society* 31, no. 4 (2016): 455–462.

Coeckelbergh, Mark. “Care Robots, Virtual Virtue, and the Best Possible Life.” In *The Good Life in a Technological Age*, edited by Philip Brey, Adam Briggle, and Ed Spence, 281–292. New York: Routledge, 2012.

Coeckelbergh, Mark. “Drones, Information Technology, and Distance: Mapping the Moral Epistemology of Remote Fighting.” *Ethics and Information Technology* 15, no. 2 (2013): 87–98.

Coeckelbergh, Mark. "Drones, Morality, and Vulnerability: Two Arguments against Automated Killing." In *The Future of Drone Use*: Technologies, Opportunities and Privacy Issues, edited by Bart Custers, 229–237. The Hauge: T. M. C. Asser Press, 2016.

Coeckelbergh, Mark. "E-Care as Craftsmanship: Virtuous Work, Skilled Engagement, and Information Technology in Health Care." *Medicine, Healthcare and Philosophy* 16, no. 4 (2013): 807–816.

Coeckelbergh, Mark. *Growing Moral Relations: Critique of Moral Status Ascription*. New York: Palgrave Macmillan, 2012.

Coeckelbergh, Mark. "Health Care, Capabilities, and AI Assistive Technologies." *Ethical Theory and Moral Practice* 13 (2010): 181–190.

Coeckelbergh, Mark. "How I Learned to Love the Robot: Capabilities, Information Technologies, and Elderly Care." In *The Capability Approach, Technology and Design*, edited by Ilse Oosterlaken and Jeroen van den Hoven, 77–86.Dordrecht: Springer, 2012.

Coeckelbergh, Mark. "How to Describe and Evaluate 'Deception' Phenomena: Recasting the Metaphysics, Ethics, and Politics of ICTs in Terms of Magic and Performance and Taking a Relational and Narrative Turn." *Ethics and Information Technology* 20, no. 2 (2018): 71–85.

Coeckelbergh, Mark. "How to Use Virtue Ethics for Thinking about the Moral Standing of Social Robots: A Relational Interpretation in Terms of Practices, Habits, and Performance." *International Journal of Social Robotics* 13, no. 1 (2021): 31–40.

Coeckelbergh, Mark. *Human Being @ Risk: Enhancement, Technology, and the Evaluation of Vulnerability Transformations*. New York: Springer, 2013.

Coeckelbergh, Mark. "Moral Appearances: Emotions, Robots, and Human Morality." *Ethics and Information Technology* 12, no. 3 (2010): 235–241.

Coeckelbergh, Mark. "The Moral Standing of Machines: Towards a Relational and Non-Cartesian Moral Hermeneutics." *Philosophy and Technology* 27, no. 1 (2014): 61–77.

Coeckelbergh, Mark. *Moved by Machines: Performance Metaphors and Philosophy of Technology*. New York: Routledge, 2019.

Coeckelbergh, Mark. *New Romantic Cyborgs*. Cambridge, MA: MIT Press, 2017.

Coeckelbergh, Mark. "Robotic Appearances and Forms of Life: A Phenomenological-Hermeneutical Approach to the Relation between Robotics and Culture." In *Robotics in Germany and Japan: Philosophical and Technical Perspectives*, edited by Michael Funk and Bernhard Irrgang, 59–68. Berlin: Peter Lang, 2014.

Coeckelbergh, Mark. "Should We Treat Teddy Bear 2.0 as a Kantian Dog? Four Arguments for the Indirect Moral Standing of Personal Social Robots, with Implications for Thinking about Animals and Humans." Minds and Machines(December 30, 2020). https://doi.org/10.1007/s11023-020-09554-3.

Coeckelbergh, Mark. "Technology Games/Gender Games: From Wittgenstein's Toolbox and Language Games to Gendered Robots and Biased Artificial Intelligence." In *Feminist Philosophy of Technology*, edited by Janina Loh and Mark Coeckelbergh, 27–38. Stuttgart: J. B. Metzler, 2020.

Coeckelbergh, Mark. "Virtual Moral Agency, Virtual Moral Responsibility." *AI and Society* 24, no. 2 (2009): 181–189.

Coeckelbergh, Mark. "Why Care about Robots? Empathy, Moral Standing, and the Language of Suffering." *Kairos: Journal of Philosophy and Science* 20, no. 1 (2018): 141–158.

Coeckelbergh, Mark. "You, Robot: On the Linguistic Construction of Artificial Others." *AI and Society* 26, no. 1 (2011): 61–69.

Coeckelbergh, Mark, Janina Loh, Michael Funk, Johanna Seibt, and Marco Nørskov, eds. *Envisioning Robots in Society: Power, Politics, and Public Space*. Proceedings of Robophilosophy 2018/TRANSOR 2018, University of Vienna, February 2018. Amsterdam: IOC Press, 2018.

Coeckelbergh, Mark, Christina Pop, Ramona Simut, Andreea Peca, Sebastian Pintea, Daniel David, and Bram Vanderborght. "A Survey of Expectations about the Role of Robots in Robot-Assisted Therapy for Children with ASD: Ethical Acceptability, Trust, Sociability, Appearance, and Attachment." *Science and Engineering Ethics* 22, no. 1 (2016): 47–65.

Danaher, John. *Automation and Utopia: Human Flourishing in a World without Work*. Cambridge, MA: Harvard University Press, 2019.

Danaher, John. "Welcoming Robots into the Moral Circle: A Defense of Ethical Behaviourism." *Science and Engineering Ethics* 26, no. 4 (2019): 2023–2049.https://doi.org/10.1007/s11948-019-00119-x.

Danaher, John, and Neil McArthur. *Robot Sex: Social and Ethical Implications*. Cambridge, MA: MIT Press, 2017.

Darling, Kate. "Extending Legal Protection to Social Robots." *IEEE Spectrum*, September 10, 2012. http://spectrum.ieee.org/automaton/robotics/artificial-intelligence/extending-legal-protection-to-social-robots.

Darling, Kate. "'Who's Johnny?' Anthropomorphic Framing in Human-Robot Interaction, Integration, and Policy." In *Robot Ethics 2.0: From Autonomous Cars to Artificial Intelligence*, edited by Patrick Lin, Keith Abney, and Ryan Jenkins, 173–188. New York: Oxford University Press, 2017.

Descartes, René. *Discourse on Method. In Discourse on Method and Meditations*. Translated by Laurence J. Lafleur. Indianapolis, IN: Bobbs-Merrill, 1960. デカルト（谷川多佳子訳）『方法序説』岩波書店，1997ほか

Dreyfus, Hubert L., and Stuart E. Dreyfus. "Towards a Phenomenology of Ethical Expertise." *Human Studies* 14, no. 4 (1991): 229–250.

Dreyfus, Stuart E., and Hubert L. Dreyfus. *A Five-Stage Model of the Mental Activities Involved in Direct Skill Acquisition*. Berkeley: Operations Research Center, University of California, 1980.

Duff, R. Antony. "Who Is Responsible, for What, to Whom?" *Ohio State Journal of Criminal Law* 2 (2005): 441–461.

Enemark, Christian. *Armed Drones and the Ethics of War: Military Virtue in a Post-Heroic Age*. Abingdon, UK: Routledge, 2016.

Fischer, John M., and Mark Ravizza. *Responsibility and Control: A Theory of Moral Responsibility*. Cambridge: Cambridge University Press, 1998.

Fletcher, Sarah R., and Philip Webb. "Industrial Robot Ethics: The Challenges of Closer Human Collaboration in Future Manufacturing Systems." In A World with *Robots: International Conference on Robot Ethics: ICRE 2015*, edited by Maria Isabel Aldinhas Ferreira, Joao Silva Sequeira, Mohammad O. Tokhi, Endre E. Kadar, and Gurvinder S. Virk, 159–169. Cham, Switzerland: Springer, 2017.

Floridi, Luciano, and J. W. Sanders. "On the Morality of Artificial Agents." *Minds and Machines* 14, no. 3 (2004): 349–379.

Flusser, Vilém. *Shape of Things: A Philosophy of Design*. London: Reaction Books, 1999.

Ford, Martin. *Rise of the Robots: Technology and the Threat of Jobless Future*. New York: Basic Books, 2015. マーティン・フォード（松本剛史訳）『ロボットの脅威』日経ＢＰマーケティング、2015

Fosch-Villaronga, Eduard. *Robots, Healthcare, and the Law: Regulation Automation in Personal Care*. Abingdon, UK: Routledge, 2020.

Foster, Malcolm. "Aging Japan: Robots May Have Role in Future of Elder Care." Reuters, March 28, 2018. https://www.reuters.com/article/us-japan-ageing-robots-widerimage/aging-japan-robots-may-have-role-in-future-of-elder-care-idUSKBN1H33AB.

Frey, Carl Benedikt, and Michael A. Osborne. "The Future of Employment: How Susceptible Are Jobs to Computerisation?" Oxford Martin School Working Paper No. 7, 2013. https://www.oxfordmartin.ox.ac.uk/downloads/academic/future-of-employment.pdf.

Friedman, Batya. "Value-Sensitive Design." *Interactions* 3, no. 6 (1996): 16–23.

Friedman, Batya, and David G. Hendry. *Value Sensitive Design: Shaping Technology with Moral Imagination*. Cambridge, MA: MIT Press, 2019.

Funk, Michael, Johanna Seibt, and Mark Coeckelbergh. "Why Do/Should We Build Robots? Summary of a Plenary Discussion Session." In *Envisioning Robots in Society: Power, Politics, and Public Space*, edited by Mark Coeckelbergh, Janina Loh, Michael Funk, Johanna Seibt, and Marco Nørskov, 369–384. Proceedings of Robophilosophy 2018/TRANSOR 2018, University of Vienna, February 2018. Amsterdam: IOC Press, 2018.

Gross, Michael L. "Assassination and Targeted Killing: Law Enforcement, Execution or Self-Defence?" *Journal of Applied Philosophy* 23, no. 3 (2006): 323–334.

Grossman, Dave. *On Killing: The Psychological Cost of Learning to Kill in War and Society*. New York: Little, Brown and Company, 2009. デーヴ・グロスマン（安原和見訳）『戦争における「人殺し」の心理学』筑摩書房、2004

Gunkel, David. *An Introduction to Communication and Artificial Intelligence*. Cambridge, UK: Polity Press, 2020.

Gunkel, David. *The Machine Question: Critical Perspectives on AI, Robots, and Ethics*. Cambridge, MA: MIT Press, 2012.

Gunkel, David. "The Other Question: Can and Should Robots Have Rights?" *Ethics and Information Technology* 20, no. 2 (2018): 87–99.

Haraway, Donna. "A Cyborg Manifesto." In *The Cybercultures Reader*, edited by David Bell and Barbara M. Kennedy, 291–324. London: Routledge, 2000. ダナ・ハラウェイ（高橋さきの訳）『猿と女とサイボーグ』青土社、2000所収。

Heidegger, Martin. *The Question concerning Technology and Other Essays*. Translated by William Lovitt. New York: Harper and Row, 1977. マルティン・ハイデッガー（関口浩訳）『技術への問い』平凡社、2013

Helveke, Alexander, and Julian Nida-Rümelin. "Responsibility for Crashes of Autonomous Vehicles: An Ethical Analysis." *Science and Engineering Ethics* 21, no. 3 (2015): 619–630.

Heyns, Christof. *Report of the Special Rapporteur on Extrajudicial, Summary or Arbitrary Executions*. United Nations, Human Rights Council, April 9, 2013 (A/HRC/23/47). http://www.ohchr.org/Documents/HRBodies/HRCouncil/RegularSession/Session23/A-HRC-23-47_en.pdf.

Hildebrandt, Mireille. *Smart Technologies and the End(s) of Law*: Novel Entanglements of Law and Technology. Cheltenham, UK: Elgar, 2015.

Horstmann, Aike C., Nikolai Bock, Eva Linhuber, Jessica M. Szczuka, Carolin Straßmann, and Nicole C. Krämer. "Do a Robot's Social Skills and Its Objection Discourage Interactants from Switching the Robot Off?" PLoS ONE 13, no. 7 (2018): e0201581. https://doi.org/10.1371/journal.pone.0201581.

Isaac, Alistair M. C., and Will Bridewell. "White Lies on Silver Tongues: Why Robots Need to Deceive (and How)." In *Robot Ethics 2.0: From Autonomous Cars to Artificial Intelligence*, edited by Patrick Lin, Keith Abney, and Ryan Jenkins, 157–172. New York: Oxford University Press, 2017.

Ishiguro, Hiroshi. 2006. "Android Science: Toward a New Cross-Interdisciplinary Framework." *Scientific American* 294, no. 5 (2006): 32–34.

Johnson, Deborah. "Computer Systems: Moral Entities but Not Moral Agents." *Ethics and Information Technology* 8, no. 4 (2006): 195–204.

Kant, Immanuel. *Lectures on Ethics*. Edited by Peter Heath and J. B. Schneewind. Translated by Peter Heath. Cambridge: Cambridge University Press, 1997.

Kitwood, Tom. *Dementia Reconsidered: The Person Comes First*. Buckingham, UK: Open University Press, 1997.

Kreps, Sarah. "Ground the Drones? The Real Problem with Unmanned Aircraft." *Foreign Affairs*, December 4, 2013. https://www.foreignaffairs.com/articles/2013-12-04/ground-drones.

Kurzweil, Ray. *The Singularity Is Near: When Humans Transcend Biology*. New York: Penguin, 2005. レイ・カーツワイル（井上健監訳）『ポスト・ヒューマン誕生』ＮＨＫ出版、2007

Latour, Bruno. *We Have Never Been Modern*. Translated by Catherine Porter. Cambridge, MA: Harvard University Press, 1993. ブルーノ・ラトゥール（川村久美子訳）『虚構の「近代」』新評論、2008

Leopold, Todd. "HitchBOT, the Hitchhiking Robot, Gets Beheaded in Philadelphia." CNN, August 4, 2015. https://edition.cnn.com/2015/08/03/us/hitchbot-robot-beheaded-philadelphia-feat/index.html.

Levin, Sam, and Julia Carrie Wong. "Self-Driving Uber Kills Arizona Woman in First Fatal Crash Involving Pedestrian." *Guardian*, March 19, 2018. https://www.theguardian.com/technology/2018/mar/19/uber-self-driving-car-kills-woman-arizona-tempe.

Liao, S. Matthew, ed. *Ethics of Artificial Intelligence*. New York:

Oxford University Press, 2020.
Lin, Patrick, Keith Abney, and George Bekey. "Robot Ethics: Mapping the Issues for a Mechanized World." *Artificial Intelligence* 175 (2011): 942–949.
Lin, Patrick, Keith Abney, and Ryan Jenkins, eds. *Robot Ethics 2.0: From Autonomous Cars to Artificial Intelligence*. New York: Oxford University Press, 2017.
Lin, Patrick, George Bekey, and Keith Abney. *Autonomous Military Robotics: Risk, Ethics, and Design*. Report commissioned under the US Department of the Navy, Office of Naval Research, award #N00014-07-1-1152. San Luis Obispo: California Polytechnic State University, 2008.
Lin, Patrick, George Bekey, and Keith Abney, eds. *Robot Ethics: The Ethical and Social Implications of Robotics*. Cambridge, MA: MIT Press, 2012.
Linebaugh, Heather. "I Worked on the U.S. Drone Program: The Public Should Know What Really Goes On." *Guardian*, December 29, 2013. https://www.theguardian.com/commentisfree/2013/dec/29/drones-us-military.
Loh, Wulf, and Janina Loh. "Autonomy and Responsibility in Hybrid Systems: The Example of Autonomous Cars." In *Robot Ethics 2.0: From Autonomous Cars to Artificial Intelligence*, edited by Patrick Lin, Keith Abney, and Ryan Jenkins, 35–50. New York: Oxford University Press, 2017.
MacDorman, Karl F., and Hiroshi Ishiguro. "The Uncanny Advantage of Using Androids in Cognitive and Social Science Research." *Interaction Studies* 7, no. 3 (2006): 297–337.
Marx, Karl. *Capital: A Critique of Political Economy*. Translated by Ben Fowkes. London: Penguin, 1990. カール・マルクス『資本論』邦訳は各種あり
Matsuzaki, Hironori, and Gesa Lindemann. "The Autonomy-Safety-Paradox of Service Robotics in Europe and Japan: A Comparative Analysis." *AI and Society* 31, no. 4 (2016): 501–517.
Matthias, Andreas. "The Responsibility Gap: Ascribing Responsibility for the Actions of Learning Automata." *Ethics and Information Technology* 6, no. 3 (2004): 175–183.
Mavroforou, Anna, Emmanuel Michalodimitrakis, Konstantinos HatzitheoFilou, and Athanasios Giannoukas. "Legal and Ethical Issues in Robotic Surgery." *International Union of Angiology* 29, no. 1 (2010): 75–79.
McCammon, Sarah. "The Warfare May Be Remote but the Trauma Is Real." NPR, April 24, 2017. https://www.npr.org/2017/04/24/525413427/for-drone-pilots-warfare-may-be-remote-but-the-trauma-is-real?t=1571811594970&t=1614700024482.
McKay, Tom. "19 Climate Change Activists Arrested for Drone Protest against Heathrow Airport Expansion." *Gizmodo*, September 14, 2019. https://earther.gizmodo.com/19-extinction-rebellion-activists-arrested-in-drone-pro-1838122386.
McKinsey Global Institute. *Jobs Lost, Jobs Gained: Workforce Transitions in a Time of Automation*. New York: McKinsey Global Institute, December 2017.
Møller, Michael. "Secretary-General's Message to Meeting of the Group of Governmental Experts on Emerging Technologies in the Area of Lethal Autonomous Weapons Systems." Talk presented at the United Nations Office,

Geneva, March 25, 2019. https://www.un.org/sg/en/content/sg/statement/2019-03-25/secretary-generals-message-meeting-of-the-group-of-governmental-experts-emerging-technologies-the-area-of-lethal-autonomous-weapons-systems.

Monbiot, George. "With Its Deadly Drones, the U. S. Is Fighting a Coward's War." Guardian, January 30, 2012. https://www.theguardian.com/commentisfree/2012/jan/30/deadly-drones-us-cowards-war.

Moravec, Hans. *Mind Children: The Future of Robot and Human Intelligence*. Cambridge, MA: Harvard University Press, 1988. ハンス・モラベック（野崎昭弘訳）『電脳生物たち』岩波書店、1991

Mori, Masahiro. "The Uncanny Valley." Translated by Karl F. MacDorman and Norri Kageki. *IEEE Robotics and Automation Magazine* 19, no. 2 (2012): 98–100.

Müller, Vincent. "Autonomous Killer Robots Are Probably Good News." In *Drones and Responsibility: Legal, Philosophical and Sociotechnical Perspectives on Remotely Controlled Weapons*, edited by Ezio Di Nucci and Filippo Santoni de Sio, 67–81. London: Routledge, 2016.

Nordrum, Amy. "Cyderdyne's HAL Exoskeleton Helps Patients Walk Again in First Treatments at U.S. Facility." *IEEE Spectrum*, January 3, 2019. https://spectrum.ieee.org/thehuman-os/biomedical/bionics/cyberdynes-hal-medical-exoskeleton-helps-patients-walk-again-at-first-us-facility.

Nozick, Robert. *Anarchy, State, and Utopia*. New York: Basic Books, 1974.R. ノージック（嶋津格訳）『アナーキー・国家・ユートピア』木鐸社、2010.

Nussbaum, Martha. *Frontiers of Justice*. Cambridge, MA: Belknap Press, 2006. マーサ・C・ヌスバウム（神島裕子訳）『正義のフロンティア』法政大学出版局、2012

Nussbaum, Martha. *Women and Human Development: The Capabilities Approach*. Cambridge: Cambridge University Press, 2000. マーサ・C・ヌスバウム（池本幸生・田口さつき・坪井ひろみ訳）『女性と人間開発』岩波書店、2005

Nussbaum, Martha, and Amartya Sen. *The Quality of Life*. Oxford: Clarendon Press, 1993. マーサ・ヌスバウム、アマルティア・セン（水谷めぐみ訳）『クオリティ・オブ・ライフ』里文出版、2006

Nyholm, Sven. *Humans and Robots: Ethics, Agency, and Anthropocentrism*. London: Rowman and Littlefield, 2020.

Nyholm, Sven, and Jilles Smids. 2016. "The Ethics of Accident-Algorithms for Self-Driving Cars: An Applied Trolley Problem?" *Ethical Theory and Moral Practice* 19, no. 5 (2016): 1275–1289.

Parke, Phoebe. "Is It Cruel to Kick a Robot Dog?" CNN, February 13, 2015. https://edition.cnn.com/2015/02/13/tech/spot-robot-dog-google/index.html.

Piper, Kelsey. "Death by Algorithm: The Age of Killer Robots Is Closer than You Think." Vox, June 21, 2019. https://www.vox.com/2019/6/21/18691459/killer-robots-lethal-autonomous-weapons-ai-war.

Press, Eyal. "The Wounds of the Drone Warrior." *New York Times Magazine*, June 13, 2018. https://www.nytimes.com/2018/06/13/magazine/veterans-ptsd-drone-warrior-wounds.html.

PricewaterhouseCoopers. *Fourth Industrial Revolution for the Earth: Harnessing Artificial Intelligence for the Earth*. PwC Network, 2018.

PricewaterhouseCoopers. *Will Robots Really Steal Our Jobs? An International Analysis of the Potential Long Term Impact of Automation*. PwC UK and PwC Network, 2018.

Reese, Hope. "Wi-Fi-Enabled 'Hello Barbie' Records Conversations with Kids and Uses AI to Talk Back." TechRepublic, November 10, 2015. https://www.techrepublic.com/article/wi-fi-enabled-hello-barbie-records-conversations-with-kids-and-uses-ai-to-talk-back/.

Richardson, Kathleen. "The Asymmetrical 'Relationship': Parallels between Prostitution and the Development of Sex Robots." ACM SIGCAS Computers and Society—Special Issue on Ethicomp 45, no. 3 (2016): 290–293.

Rohrlich, Justin. "Why a U.S. Soldier Turned against Drone Warfare." *Quartz*, October 16, 2019. https://qz.com/1725819/why-a-us-soldier-turned-against-drone-warfare/.

Rudy-Hiller, Fernando. "The Epistemic Condition for Moral Responsibility." *Stanford Encyclopedia of Philosophy*, edited by Edward N. Zalta. Fall 2018 ed. https://plato.stanford.edu/entries/moral-responsibility-epistemic/.

Santoni de Sio, Filippo, and Jeroen van den Hoven. "Meaningful Human Control over Autonomous Systems: A Philosophical Account." *Frontiers in Robotics and AI* (February 28, 2018). https://www.frontiersin.org/articles/10.3389/frobt.2018.00015/full#B5.

Schwab, Klaus. *The Fourth Industrial Revolution*. New York: Crown Publishing Group, 2016. クラウス・シュワブ（世界経済フォーラム訳）『第四次産業革命』日経BP、2016

Sennett, Richard. *The Craftsman*. New Haven, CT: Yale University Press, 2008. リチャード・セネット（高橋勇夫訳）『クラフツマン』筑摩書房、2016

Servoz, Michel. *The Future of Work? Work of the Future! On How Artificial Intelligence, Robotics and Automation Are Transforming Jobs and the Economy in Europe*. Brussels: European Commission, 2019.

Sharkey, Amanda, and Noel Sharkey. "Granny and the Robots: Ethical Issues in Robot Care for the Elderly." *Ethics and Information Technology* 14 (2012): 27–40.

Sharkey, Noel. 2012. "Killing Made Easy: From Joysticks to Politics." In *Robot Ethics: The Ethical and Social Implications of Robotics*, edited by Patrick Lin, George Bekey, and Keith Abney, 111–128. Cambridge, MA: MIT Press, 2012.

Sharkey, Noel, and Amanda Sharkey. "The Crying Shame of Robot Nannies: An Ethical Appraisal." *Interaction Studies* 11, no. 2 (2010): 161–190.

Smith, Angela M. "Responsibility as Answerability." *Inquiry* 58, no. 2 (2015): 99–126.

Smith, Marquard. *The Erotic Doll: A Modern Fetish*. New Haven, CT: Yale University Press, 2013.

Sorell, Tom, and Heather Draper. "Robot Carers, Ethics, and Older People." *Ethics and Information Technology* 16 (2014): 183–195.

Sparrow, Robert. "Killer Robots." *Journal of Applied Philosophy* 24, no. 1 (2007): 62–77.

Sparrow, Robert. "Robots in Aged Care: A Dystopian Future?" *AI and Society* 31, no. 4 (2016): 445–454.

Sparrow, Robert, and Linda Sparrow. "In the Hands of Machines? The Future of Aged Care." *Minds and Machines* 16, no. 2 (2006): 141–161.

Stahl, Bernd C., and Mark Coeckelbergh. "Ethics of Healthcare Robotics: Towards Responsible Research and Innovation." *Robotics and Autonomous Systems* 86 (2016): 152–161.

Sullins, John. "Robots, Love, and Sex: The Ethics of Building a Love Machine." *IEEE Transactions on Affective Computing* 3, no. 4 (2012): 398–409.

Sullins, John. "RoboWarfare: Can Robots Be More Ethical than Humans on the Battlefield?" *Ethics and Information Technology* 12, no. 3 (2010): 263–275.

Sullins, John. "When Is a Robot a Moral Agent?" *International Review of Information Ethics* 6 (2006): 23–30.

Suzuki, Yutaka, Lisa Galli, Ayaka Ikeda, Shoji Itakura, and Michiteru Kitazaki. "Measuring Empathy for Human and Robot Hand Pain Using Electroencephalography." *Scientific Reports* 5 (2015), article no. 15924. https://doi.org/10.1038/srep15924.

Tegmark, Max. *Life 3.0: Being Human in the Age of Artificial Intelligence*. London: Allen Lane, 2017. マックス・テグマーク（水谷淳訳）『LIFE3.0』紀伊國屋書店、2019

Tognazzini, Bruce. "Principles, Techniques, and Ethics of Stage Magic and Their Application to Human Interface Design." CHI '93: *Proceedings of the INTERACT '93 and CHI '93 Conference on Human Factors in Computing Systems*, 355–362. New York: Association for Computing Machinery, 1993. http://dl.acm.org/citation.cfm?id=169284.

Turkle, Sherry. *Reclaiming Conversation: The Power of Talk in a Digital Age*. New York: Penguin Books, 2015. シェリー・タークル（日暮雅通訳）『一緒にいてもスマホ』青土社、2017

Turner, Jacob. *Robot Rules: Regulating Artificial Intelligence*. Cham, Switzerland: Palgrave Macmillan, 2019.

UNI Global Union. *Top 10 Principles for Workers' Data Privacy and Protection*. Nyon, Switzerland: UNI Global Union. http://www.thefutureworldofwork.org/media/35421/uni_workers_data_protection.pdf.

van de Poel, Ibo, Jessica Nihlén Fahlquist, Neelke Doorn, Sjoerd D. Zwart, and Lambèr Royakkers. "The Problem of Many Hands: Climate Change as an Example." Science and Engineering Ethics 18, no. 1 (2012): 49–67.

van den Hoven, Jeroen, Martijn Blaauw, Wolte Pieters, and Martijn Warnier. "Privacy and Information Technology." *Stanford Encyclopedia of Philosophy*, edited by Edward N. Zalta. Winter 2019 ed. https://plato.stanford.edu/entries/it-privacy/.

van Wynsberghe, Aimee. "Designing Robots for Care: Care Centered ValueSensitive Design." *Science and Engineering Ethics* 19, no. 2 (2013): 407–433.

van Wynsberghe, Aimee, and Justin Donhauser. "The Dawning of the Ethics of Environmental Robots." *Science and Engineering Ethics* 24, no. 6 (2018): 1777–1800.

van Wynsberghe, Aimee, and Shuhong Li. "A Paradigm Shift for Robot Ethics: From HRI to Human-Robot-System Interaction (HRSI)." *Medicolegal and Bioethics* 9 (2019): 11–21.

Veal, Anthony J. "The Leisure Society I: Myths and Misperceptions, 1960–79." *World Leisure Journal* 53, no. 3 (2011): 203–227.

Véliz, Carissa. *Privacy Is Power: Why and How You Should Take Back Control of Your Data*. London: Penguin, 2020.

von Schomberg, Rene, ed. *Towards Responsible Research and Innovation in the Information and Communication Technologies and Security Technologies Fields*. Luxembourg: Publication Office of the European Union, 2011. http://ec.europa.eu/research/science-society/document_library/pdf_06/mep-rapport-2011_en.pdf.

Wakefield, Jane. "Can You Murder a Robot?" BBC, March 17, 2019. https://www.bbc.com/news/technology-47090174.

Wakefield, Jane. "Foxconn Replaces '60,000 Factory Workers with Robots.'" BBC, Technology, May 25, 2016. https://www.bbc.com/news/technology-36376966.

Wallach, Wendell, and Colin Allen. *Moral Machines: Teaching Robots Right from Wrong*. Oxford: Oxford University Press, 2009. W・ウォラック&C・アレン（岡本慎平・久木田水生訳）『ロボットに倫理を教える』名古屋大学出版会、2019

Wiener, Norbert. *The Human Use of Human Beings: Cybernetics and Society*. Boston: Houghton Mifflin Co., 1954. ノバート・ウィーナー（池原止戈夫訳）『人間機械論』みすず書房、1954

Williams, John. "Distant Intimacy: Space, Drones, and Just War." *Ethics and International Affairs* 29, no. 1 (2015): 93–110.

Winfield, Alan. "Making an Ethical Machine." Open Transcripts (blog). Accessed January 5, 2022. http://opentranscripts.org/transcript/making-an-ethical-machine/.

Winfield, Alan, Christian Blum, and Wenguo Liu. "Towards an Ethical Robot: Internal Models, Consequences and Ethical Action Selection." In Advances in Autonomous Robotics Systems. TAROS 2014. *Lecture Notes in Computer Science*, edited by Michael Mistry, Aleš Leonardis, Mark Witkowski, and Chris Melhuish, 85–96. Cham, Switzerland: Springer, 2014.

World Economic Forum. *The Future of Jobs Report 2018*. Geneva: World Economic Forum, 2018. http://www3.weforum.org/docs/WEF_Future_of_Jobs_2018.pdf.

World Economic Forum. *Towards a Reskilling Revolution*: A Future of Jobs for All. Geneva: World Economic Forum, 2018. http://www3.weforum.org/docs/WEF_FOW_Reskilling_Revolution.pdf.

Zimmerli, Walther. "Deus Malignus." Paper presented at the Institut für die Wissenschaften vom Menschen, Vienna, October 2019. https://esel.at/termin/103418/walther-zimmerli-deus-malignus.

Zuboff, Shoshana. *The Age of Surveillance Capitalism: The Fight for a Human Future at the New Frontier of Power*. London: Profile Books, 2019. ショシャナ・ズボフ（野中香方子訳）『監視資本主義』東洋経済新報社、2021

さらなる研究のための文献案内

Asaro, Peter. “How Just Could a Robot War Be?” In *Current Issues in Computing and Philosophy*, edited by Philip Brey, Adam Briggle, and Katinka Waelbers, 50–64. Amsterdam: IOS Press, 2008.

Benjamin, Ruha. *Race after Technology: Abolitionist Tools for the New Jim Code*. Cambridge, UK: Polity Press, 2019.

Bostrom, Nick. *Superintelligence: Paths, Dangers, Strategies*. Oxford: Oxford University Press, 2014. ニック・ボストロム（倉骨彰訳）『スーパーインテリジェンス』日経ＢＰ、2017

Brynjolfsson, Erik, and Andrew McAfee. *The Second Machine Age: Work, Progress, and Prosperity in a Time of Brilliant Technologies*. New York: W. W. Norton and Company, 2014. エリック・ブリニョルフソン&アンドリュー・マカフィー（村井章子訳）『ザ・セカンド・マシン・エイジ』日経ＢＰ、2015

Bryson, Joanna. “Robots Should Be Slaves.” In *Close Engagements with Artificial Companions: Key Social, Psychological, Ethical and Design Issues*, edited by Yorick Wilks, 63–74. Amsterdam: John Benjamins, 2010.

Carpenter, Julie. “Deus Sex Machina: Loving Robot Sex Workers and the Allure of an Insincere Kiss.” In *Robot Sex: Social and Ethical Implications*, edited by John Danaher and Neil McArthur, 261–287. Cambridge, MA: MIT Press, 2017.

Coeckelbergh, Mark. *AI Ethics*. Cambridge, MA: MIT Press, 2020. M. クーケルバーク（直江清隆翻訳代表）『ＡＩの倫理学』丸善、2020

Coeckelbergh, Mark. “AI, Responsibility Attribution, and a Relational Justification of Explainability.” *Science and Engineering Ethics* 26, no. 4 (2020):
2051–2068.

Coeckelbergh, Mark. *Growing Moral Relations*: Critique of Moral Status Ascription. New York: Palgrave Macmillan, 2012.

Coeckelbergh, Mark. “The Moral Standing of Machines: Towards a Relational and Non-Cartesian Moral Hermeneutics.” *Philosophy and Technology* 27, no. 1 (2014): 61–77.

Danaher, John. *Automation and Utopia: Human Flourishing in a World without Work*. Cambridge, MA: Harvard University Press, 2019.

Floridi, Luciano, and J. W. Sanders. “On the Morality of Artificial Agents.” *Minds and Machines* 14, no. 3 (2004): 349–379.

Funk, Michael, Johanna Seibt, and Mark Coeckelbergh. “Why Do/Should We Build Robots? Summary of a Plenary Discussion Session.” In *Envisioning Robots in Society: Power, Politics, and Public Space*, edited by Mark Coeckelbergh, Janina Loh, Michael Funk, Johanna Seibt, and Marco Nørskov, 369–384. Proceedings of Robophilosophy 2018/TRANSOR 2018, University of Vienna, February 2018. Amsterdam: IOS Press, 2018.

Gunkel, David. *The Machine Question*: Critical Perspectives on AI, Robots, and Ethics. Cambridge, MA: MIT Press, 2012.

Gunkel, David. “The Other Question: Can and Should Robots Have Rights?” *Ethics and Information Technology* 20, no. 2 (2018): 87–99.

Haraway, Donna. “A Cyborg Manifesto.” In *The Cybercultures*

Reader, edited by David Bell and Barbara M. Kennedy, 291–324. London: Routledge, 2000. ダナ・ハラウェイ（高橋さきの訳）『猿と女とサイボーグ』青土社、2000 所収

Johnson, Deborah. "Computer Systems: Moral Entities but Not Moral Agents." *Ethics and Information Technology* 8, no. 4 (2006): 195–204.

Lin, Patrick, Keith Abney, and Ryan Jenkins, eds. *Robot Ethics 2.0: From Autonomous Cars to Artificial Intelligence*. New York: Oxford University Press, 2017.

Lin, Patrick, George Bekey, and Keith Abney, eds. *Robot Ethics*: The Ethical and Social Implications of Robotics. Cambridge, MA: MIT Press, 2012.

Matthias, Andreas. "The Responsibility Gap: Ascribing Responsibility for the Actions of Learning Automata." *Ethics and Information Technology* 6, no. 3 (2004): 175–183.

Nyholm, Sven. *Humans and Robots: Ethics, Agency, and Anthropocentrism*. London: Rowman and Littlefield, 2020.

Schwab, Klaus. *The Fourth Industrial Revolution*. New York: Crown Publishing Group, 2016. クラウス・シュワブ（世界経済フォーラム訳）『第四次産業革命』日経ＢＰ、2016

Sharkey, Noel, and Amanda Sharkey. "The Crying Shame of Robot Nannies: An Ethical Appraisal." *Interaction Studies* 11, no. 2 (2010): 161–190.

Sparrow, Robert, and Linda Sparrow. "In the Hands of Machines? The Future of Aged Care." *Minds and Machines* 16, no. 2 (2006): 141–161.

Sullins, John. "Robots, Love, and Sex: The Ethics of Building a Love Machine." IEEE Transactions on Affective Computing 3, no. 4 (2012): 398–409.

van Wynsberghe, Aimee. "Designing Robots for Care: Care Centered Value Sensitive Design." *Science and Engineering Ethics* 19, no. 2 (2013): 407–433.

Wallach, Wendell, and Colin Allen. *Moral Machines: Teaching Robots Right from Wrong*. Oxford: Oxford University Press, 2009. Ｗ・ウォラック＆Ｃ・アレン（岡本慎平、久木田水生訳）『ロボットに倫理を教える』名古屋大学出版会、2019

訳者あとがき

本書はMark Coeckelbergh, *Robot Ethics*, MIT Press, 2022. の邦訳である。タイトルに含まれているEthicsは「倫理」「倫理学」のいずれの意味にもなり得るが、本文中では文脈から適当と思われる方の訳語を当てている。多数の良質な啓蒙書を出している同出版社の「Essential Knowledge Series」の一冊である。

著者マーク・クーケルバークはベルギー出身、現在ウィーン大学哲学部で「メディアとテクノロジー」の哲学を講じている。直江清隆氏らが訳された『ＡＩの倫理学』『ＡＩの政治哲学』『技術哲学講義』（いずれも丸善出版）、そして私の訳出した『自己啓発の罠』（青土社）と既に四冊の邦訳書が出ているので、日本でも知名度はかなり高まっているだろう。この他にも多数の著書のある多作型の哲学者で、最近を取ってみても、二〇二〇年に二冊、二〇二二年に三冊、二〇二三年に一冊、二〇二四年にも既に一冊の単著を出している。

ロボットにまつわる倫理（学）が本書のテーマだが、一口にロボットと言ってもその種類は以下のように多岐にわたる。家庭で使われるロボット、産業用のロボット、医療やケアに使われるロボット、自動運転車、パートナーとしてのロボット、そして兵器として使われるドローンなど――それぞれについての責任の配分などの倫理問題を丁寧に論じている。いずれの章も、まさに現在進行中のアクチュアルな問題を扱っていると言える。ロシアとウクライナ、イスラエルとパレスチナ（およびアラブ諸国）との戦闘にはドローン等も使われ、まさにロボット戦争の様相を呈している。第2章冒頭で紹介された、フォックスコンで働く中国の労働詩人が自殺した事例は、テック企業が世界で持つ巨大な権力を否が応にも私たちに意識させるだろう。自動運転は各国で実用化の途上であり、医療やケアでも様々なロボットが登場している。専門用語がいくつか出てくるが、本文中に説明されているだけでなく重要なものについては巻末に用語集もついているので、哲学や倫理学の専門家でなくても内容の把握は難しくない。

石黒浩・大阪大学教授の製作したアンドロイドや、森政弘・東京工業大学名誉教授による「不気味の谷」概念など、日本人研究者による研究も登場し、また、ロボットを奴隷と捉えがちな西側と違って、ロボットを仲間と見る日本文化の特徴についても言及がある。米国でヒッチハイクをするロボットが「殺された」事件（第6章）は、もちろん犯人は例外的な人間なのであろうが、私には衝撃だった。

最終章である第8章はかなり攻めた中身だと私は思う。人間中心主義的な思考を脱し、人間と非人間といった二元論を克服して、ロボット倫理学を環境倫理学へとつなげるという、議論を呼びそうな主張が掲げられている。間違いなく読みどころだろう。第2章から第7章で語られる各論を経て、どうか最後まで読み進めていただきたい。

本書においても、担当編集者である篠原一平さんに大変お世話になった。いつもありがとうございます。

二〇二四年一〇月　田畑暁生

索引

さ行

た行

な行

は行

ま行

や行

ら行

【著者】
マーク・クーケルバーク（Mark Coeckelbergh）

ウィーン大学教授（メディア・テクノロジー哲学）。著書に『自己啓発の罠』（青土社）、『AI の倫理学』、『AI の政治哲学』（丸善出版）などがある。

【訳者】
田畑暁生（たばた・あけお）

神戸大学人間発達環境学研究科教授。専攻は社会情報学。著書に『情報社会論の展開』『「平成の大合併」と地域情報化政策』（以上、北樹出版）、『風嫌い』（鳥影社）など、クーケルバーク『自己啓発の罠』、ルッツ『無目的』、フレッチャー『世界はナラティブでできている』（以上、青土社）など多数。

ロボット倫理学
ソーシャルロボットから軍事ドローンまで

2024 年 10 月 25 日　第一刷印刷
2024 年 11 月 10 日　第一刷発行

著　者　マーク・クーケルバーク
訳　者　田畑暁生

発行者　清水一人
発行所　青土社

〒 101-0051　東京都千代田区神田神保町 1-29　市瀬ビル
［電話］03-3291-9831（編集）　03-3294-7829（営業）
［振替］00190-7-192955

印刷・製本　シナノ
装丁　大倉真一郎

ISBN978-4-7917-7680-1　Printed in Japan